日本经典技能系列丛书

# 金属切削刀具常识及使用方法

（日）技能士の友編集部　编著

陈爱平　陈　焕　鄢腾飞　颜培渊　译

机械工业出版社

这是一本关于金属切削刀具知识的入门指导读物，书中对车刀、铣刀、铰刀、钻头的种类、形状、刃磨方法以及操作方法进行了详细介绍，并对丝锥、圆板牙等切削刀具的性能特点和使用方法做了说明。其主要内容包括：车刀大全、钻头大全、铣刀大全和其他切削刀具等。

本书可供机械加工工人入门培训使用，还可作为设计人员和相关专业师生的参考用书。

"GINO BOOKS 2：SESSAKU KOGU NO KANDOKORO"
written and compiled by GINOSHI NO TOMO HENSHUBU
Copyright © Taiga Shuppan，1971
All rights reserved.
First published in Japan in 1971 by Taiga Shuppan，Tokyo
This Simplified Chinese edition is published by arrangement with Taiga Shuppan，Tokyo in care of Tuttle-Mori Agency，Inc.，Tokyo

本书版权登记号：图字：01-2007-2339 号

## 图书在版编目（CIP）数据

金属切削刀具常识及使用方法／（日）技能士の友编集部编著；陈爱平，陈焕，鄢腾飞等译. —北京：机械工业出版社，2011（2022.11 重印）
（日本经典技能系列丛书）
ISBN 978-7-111-36488-7

Ⅰ. ①金…　Ⅱ. ①日…②陈…③陈…④鄢…　Ⅲ. ①刀具（金属切削）　Ⅳ. ①TG71

中国版本图书馆 CIP 数据核字（2011）第 255750 号

机械工业出版社（北京市百万庄大街 22 号　邮政编码 100037）
策划编辑：王晓洁　责任编辑：王晓洁　宋亚东
版式设计：霍永明　责任校对：纪　敬
封面设计：鞠　杨　责任印制：任维东
北京中兴印刷有限公司印刷
2022 年 11 月第 1 版第 7 次印刷
182mm×206mm · 7.166 印张 · 200 千字
标准书号：ISBN 978-7-111-36488-7
定价：35.00 元

电话服务　　　　　　　　　　网络服务
客服电话：010-88361066　　机 工 官 网：www.cmpbook.com
　　　　　010-88379833　　机 工 官 博：weibo.com/cmp1952
　　　　　010-68326294　　金 书 网：www.golden-book.com
**封底无防伪标均为盗版**　机工教育服务网：www.cmpedu.com

# 出版说明

　　为了吸收发达国家职业技能培训在教学内容和方式上的成功经验，我们引进了日本大河出版社的这套"技能系列丛书"，共 17 本。

　　该丛书主要针对实际生产的需要和疑难问题，通过大量操作实例、正反对比，形象地介绍了每个领域最重要的知识和技能。该丛书为日本机电类的长期畅销图书，也是工人入门培训的经典用书，适合初级工人自学和培训，从 20 世纪 70 年代出版以来，已经多次再版。在翻译成中文时，我们力求保持原版图书的精华和风格，图书版式基本与原版图书一致，将涉及日本技术标准的部分按照中国的标准及习惯进行了适当改造，并按照中国现行标准、术语进行了注解，以方便中国读者阅读、使用。

# 目　　录

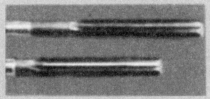

利用金属切削刀具加工时，必须懂得基本的刀具知识。或者更应该说必须掌握所有的相关知识，比如金属切削刀具的种类、形状与材料，切削方面的理论知识以及切削刀具的使用方法。

　　对于这些必备的知识，我们称之为"金属切削刀具常识"。本书就是一本把科学证实了的知识用非科学性的词汇——"常识"进行描述的指导读物。

# 车刀大全

　　车刀是一切切削工具的基础。若要使用车床切削某种材料，如果不懂得车刀方面的知识将力不从心，无法完成。刀具角度、切削速度、切削力、加工表面、刀具寿命等与切削理论相关的知识，都囊括在车刀这一章节中。在使用其他的切削工具时，能考虑到车刀的演变将更好理解。然而，"车刀"一词的来源我们无从得知，尽管从字面上看难以理解，但它至今依旧在现场中广泛用来指导切削加工实践。总而言之，请牢记车刀是切削工具的基础之基础。

# 高速钢车刀的种类

## ● 整体式车刀

1 型（方形车刀）2 型（矩形车刀）3 型（板车刀）4 型（梯形车刀）5 型（板状切断刀）6 型（圆形整体式车

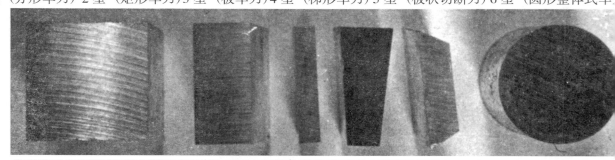

## ● 焊接式车刀

| 10 型 | 11 型 | 12 型 R（右偏刀） | 12 型 L（左偏刀） | 13 型 R |
| --- | --- | --- | --- | --- |

| 31 型 | 32 型 | 33 型 | 41 型 | 42 型 |
| --- | --- | --- | --- | --- |

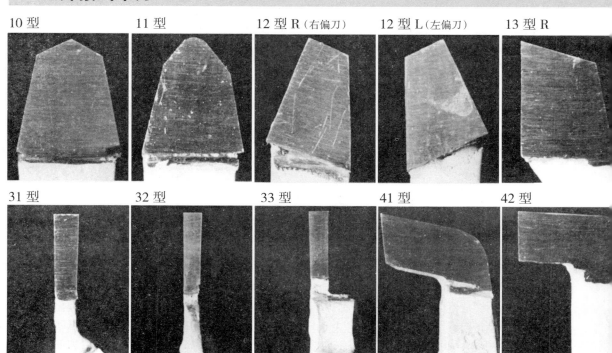

高速钢车刀包括整体式车刀与焊接车刀。所谓整体式车刀，就是把经过热处理加工的整块高速钢磨成锋利的切削刃以供使用的刀具。而焊接车刀是将高速钢刀片钎焊在刀杆上形成的车刀。

以下六种截面形式的整体式车刀是日本工业标准承认的型号。包括 1 型（方形车刀）、2 型（矩形车刀）、3 型（板车刀）、4 型（梯形车刀）、5 型（板状切断刀）和 6 型（圆形整体式车刀）。

焊接车刀根据焊接刀片部位的形状，按照编号分为几类。可结合下图理解焊接车刀的种类，例如 10 ~ 16 为普通车刀、21 和 23 为宽刃精加工车刀、31 ~ 33 为切断刀、41 ~

▲整体式车刀（4 型 = 梯形板车刀）

43 为车孔刀、51 ~ 53 为螺纹车刀。

其中，12 ~ 16 型的车刀有右偏刀与左偏刀之分。区别仅在于车刀刀头的左右朝向不同，而两者大体形状完全相同。

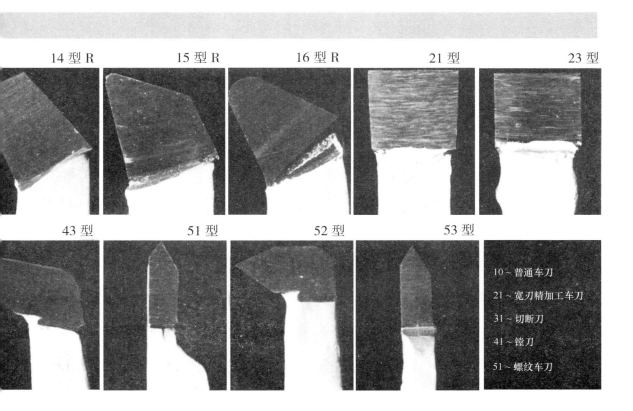

| 14 型 R | 15 型 R | 16 型 R | 21 型 | 23 型 |

| 43 型 | 51 型 | 52 型 | 53 型 | |

10 ~ 普通车刀
21 ~ 宽刃精加工车刀
31 ~ 切断刀
41 ~ 镗刀
51 ~ 螺纹车刀

# 硬质合金车刀的种类

硬质合金车刀与高速钢车刀的分类方法相同，也可以按照编号分成几类。但号码的编排方式与高速钢车刀有所不同。

其中，奇数编号表示右偏刀，偶数编号表示左偏刀，且车刀形状完全一致，不同的只是车刀刀头的左右朝向相反。

31 型　　　　　　　　33 型　　　　　　　　35 型

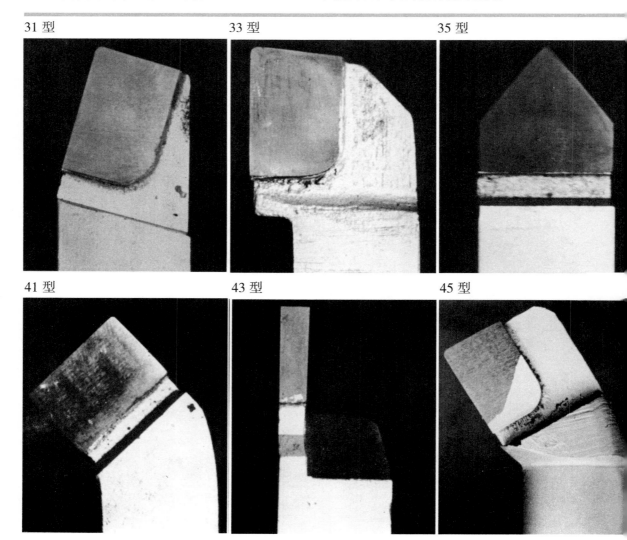

41 型　　　　　　　　43 型　　　　　　　　45 型

然而，35型车刀没有左右偏刀之分，因此把35型车刀的刀头换成圆形刀头就变成了36型车刀。此外，因为43型车刀也无左右偏刀之分，与之对应的也就不存在44型车刀。

▲用31型车刀进行粗加工

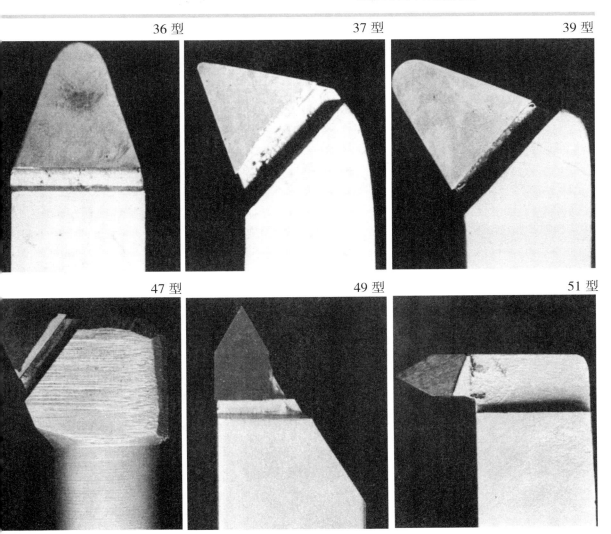

36型　37型　39型

47型　49型　51型

# 车刀的材料与

硬质合金车刀、高速钢车刀、整体式车刀等所有车刀都必须标出其材料与尺寸。以下是车刀代号的识别方法。

▲31 型硬质合金车刀，车刀的侧面刻有标记，标记的含义如下

开头的"M30"是该硬质合金车刀的使用分类代号，"UT130"是制造商的材料牌号。因此，这个牌号会因制造商的不同而改变。接下来是制造商的商标，最后的"31—3"指的是车刀的型号与尺寸，其中"31"指的就是第 8 页的 31 型车刀，"3"则表示车刀

图中很容易看出它们长、宽、高各不相同。

▲此外，根据硬质合金车刀的使用分类标记的不同，刀杆末端所涂的颜色也不一致

P——蓝色

M——黄色

K——红色

由于不是彩色图片，所以无法区分刀杆末端的颜色，请读者根据图片想象刀杆末端颜色。

▲硬质合金车刀有 0~6 号共 7 种尺寸规格，尺寸规格越大，车刀的长、宽、高尺寸值也就越大

的尺寸规格。

从右往左，依次是 31 型车刀的 1~6 号车刀。从

▲此图为一种焊接车刀的侧示图。不言而喻，"SKH4"是指高速钢的第 4 种类型，接着是制造商的商标，接下来"10—2"指的是 10 型车刀，其尺寸是 2 号结构尺寸

# 尺寸

高速钢车刀有 1 ~ 11 号等多种尺寸规格。各种尺寸的刀杆的长、宽、高都是有规定的。然而，在机械加工现场还保留以前的英制表示法，直到现在还常将焊接车刀称作"4 分车刀"。

这是因为，1in 的 1/8 与日本计量单位中的 1 分（1 尺的 1/100）几乎相等。很久以前，英制表示法传入日本时，工人们就把"1/8in≈1 分"用于日本计量单位中。这一用法也被应用于威氏螺纹中。依此类推，3/8in＝3 分，1/2in＝4/8in＝4 分，3/4in＝6/8in＝6 分。

因此，图中的 2 号车刀刀杆的尺寸为 16 × 16，所以也就是 16mm≈5/8in＝5 分车刀。

另外，型号与规格之后是制造商的商标，接下来的代号很容易推断出是材料牌号。

▲整体式车刀的形状不同，标识方法也不同，上方是 2 型（矩形车刀），其截面尺寸为 **6mm×12mm**；中间是 5 型（板状切断刀）中的 1 号车刀；下方是 6 型（圆形整体式车刀）中的 10 号车刀

▲硬质合金多刃刀片的侧面与背面都标注了材料

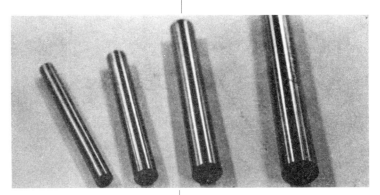

▲此图列出的是整体式车刀的 6 型（圆形整体式车刀）中的 6、8、10 和 12 号车刀，车刀上未标注尺寸规格

# 硬质合金刀片

| 型号 | 01型 | 02型 | 03型 | 04型 |
|---|---|---|---|---|
| | 09—C型 | | | 05型 |
| | 09—J型 | 08型 | 07型 | 06型 |

工厂所用的硬质合金车刀，不仅包括本书第8页和第9页提到的成形车刀，通常是把硬质合金刀片钎焊在刀杆上加以使用。

因此，为了保证刀片既可与车刀配套使用又可单独使用，所以表示其型号与尺寸的标记与车刀一样，都是有统一规定的。而且，为了与标记保持一致，不同型号的刀片其尺寸也是有统一规定的。

例如，01型刀片对应31型车刀，02型刀片对应41型车刀，09—C型刀片对应92型车刀，09—J型刀片对应93型车刀。总之，这些刀片的型号必须与第8、9和13页的车刀型号相对应。此外，除了上图列出的刀片型号之外，还有09—E型（13页的95型）刀片。

当然，从0号到6号，刀片的尺寸也有所不同。如下图的各种尺寸刀片，它们的尺寸必须与第10页的车刀尺寸规格对应。

▲从左往右，刀片的尺寸依次是0~6号

# 仿形车刀

92型(A公司型号)

93型(B公司型号)

95型(C公司型号)

　　车床有多种仿形车削方式，大体上可分为三种。与这三种方式对应的硬质合金车刀，包括硬质合金刀片也已被编入日本工业标准规格中。

　　A 公司型号——因为是左偏刀，所以用

▲A 公司的仿形车床使用了 92 型

偶数 92 型来表示。

　　B 公司型号——右偏刀 93 型。

　　C 公司型号——95 型。

　　第 8 和第 9 页略去了部分车刀对应的左偏刀或右偏刀的型号，因而没有连续表示。实际上，像这种用于仿形切削的车刀，有 90 种之多。

　　当然，上图所示的几种车刀也有其对应的 91、94 和 96 型偏刀。

　　硬质合金刀片型号用 09 型来标注，根据仿形方式，92 型用 09—C 型、93 型用 09—J 型、95 型用 09—E 型表示。

　　与这三种刀片相应的刀杆尺寸也与普通车刀的刀杆尺寸不同。

# 车刀的分类方法

刀、金属陶瓷车刀、陶瓷车刀和金刚石车刀。

车刀有多种分类方法，现介绍几种。

## 1. 按刀头材料分类

按刀头材料可分为碳素工具钢车刀、合金工具钢车刀、高速钢车刀、硬质合金钢车

## 2. 按结构分类

●整体式车刀————
在整体式车刀上形成切削刃，
参见6~7页。

●焊接车刀————
参见6~9页，普通车刀即为焊接车刀。

●机械夹固式车刀————
参见18~19页。

●销子固定式车刀————

●焊接车刀————

●圆形车刀————

●旋转车刀————

●弯头车刀————
参见16~17页。

●圆形成形车刀————
参见55页。

## 3. 按外形分类

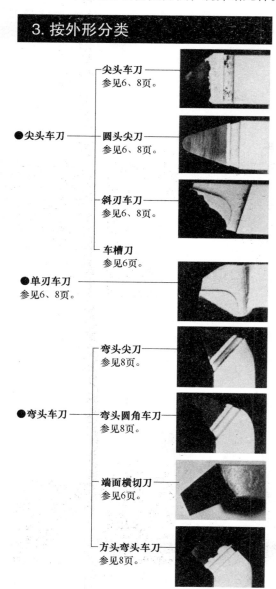

●尖头车刀
- 尖头车刀 参见6、8页。
- 圆头尖刀 参见6、8页。
- 斜刃车刀 参见6、8页。
- 车槽刀 参见6页。

●单刃车刀
参见6、8页。

●弯头车刀
- 弯头尖刀 参见8页。
- 弯头圆角车刀 参见8页。
- 端面横切刀 参见6页。
- 方头弯头车刀 参见8页。

这些分类方法不同于前面所介绍的日本工业标准分类方式。

一般来说，无论是按下文的方式分类，还是按日本工业标准中的车刀名称分类，根据行业习惯，人们按照车刀尺寸等规格确定了专业的车刀术语，统称为"车刀的种类"。此外，在日本工业标准中，按外形分类的车刀称为"斜刃车刀"，按功能或用途分类称为"粗加工车刀"和"精加工车刀"。

## 4. 按功能或用途分类

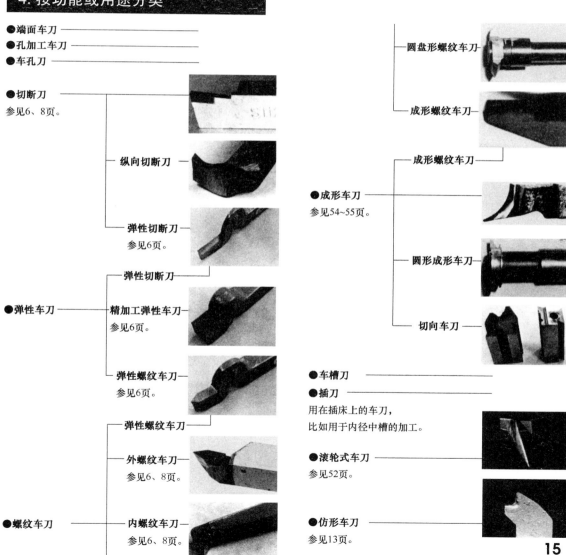

●端面车刀

●孔加工车刀

●车孔刀

●切断刀
参见6、8页。

—纵向切断刀—

—弹性切断刀—
参见6页。

●弹性车刀——弹性切断刀

精加工弹性车刀
参见6页。

—弹性螺纹车刀—
参见6页。

—弹性螺纹车刀

—外螺纹车刀—
参见6、8页。

●螺纹车刀——内螺纹车刀—
参见6、8页。

—圆盘形螺纹车刀

—成形螺纹车刀—

—成形螺纹车刀

●成形车刀
参见54~55页。

—圆形成形车刀—

—切向车刀—

●车槽刀

●插刀
用在插床上的车刀，
比用于内径中槽的加工。

●滚轮式车刀
参见52页。

●仿形车刀
参见13页。

15

▲牛头刨床上使用的刨刀为弯头刨刀

# 为什么选用弯头刨刀?

刨刀弯曲时的切削深度

如果刨刀的切削刃
高度低于挠度中心,
即使刨刀弯曲也不
能切削

机床弯曲也
不能切削

▲牛头刨床和龙门刨床采用的刨刀不同,前者采
用的是弯头刨刀。为什么要选用弯头刨刀呢?上图
中,工件来回转动而成圆状,这与其做直线运动形成
的形状有所不同。因此,即便采用弯头刨刀,也不能

在任意高度上弯曲,如果切削刃的高度高于刀杆底
面,弯头刨刀的加工效果将微乎其微

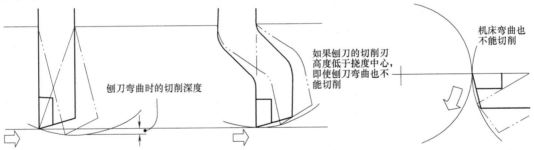

▲左图是用于弹性牛头刨床的弯头刨刀,右图是用于牛头刨床切断的弯头刨刀

# 用于牛头刨床、龙门刨床和插床的刨刀

牛头刨床、龙门刨床和立式刨床使用的都是刨刀（插刀）。然而，各自使用的刨刀形状却略有不同。

▲龙门刨床结构复杂，刚性好，常用于强力切削，加工大型工件。因此，与牛头刨床使用的弯头刨刀不同，龙门刨床使用的刨刀必须像机夹硬质合金刨刀一样粗大耐磨，且刀杆应粗壮结实，不易弯曲变形

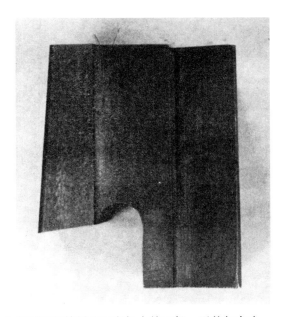

▲插床使用的刨刀配有粗大的刀杆，形状与车床上使用的相同，如上图所示，当然也有特殊形状的刨刀。如果给形状特殊的刨刀安装专用刀杆，刨刀的总切削力的切削力和背向力（参见 27 页）的作用方向就能共线，这时便可以不考虑刨刀的弯曲挠度

# 可转位车刀及其刀杆

可转位车刀俗称不重磨车刀，"不重磨"即丢弃。所谓可转位刀片，就是当刀片磨损到无法使用时，便不再花时间刃磨刀片，而是将其丢弃。这是多可惜啊！

因为现在手工成本高，此类作业又需要专业技能，还需要重磨刀片、核对尺寸，反而更加浪费时间。所以，制定标准者规定了刀片和刀杆的规格，使用时均按照下图选择合适的车刀。

## 1. 刀片规格

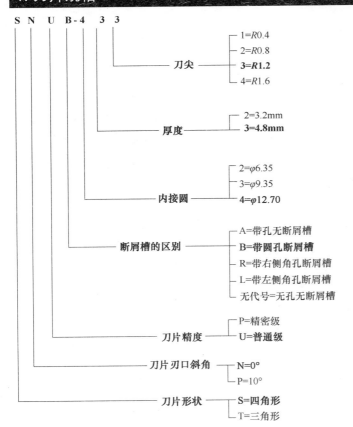

```
S  N  U  B - 4  3  3
```

刀尖
- 1=R0.4
- 2=R0.8
- **3=R1.2**
- 4=R1.6

厚度
- 2=3.2mm
- **3=4.8mm**

内接圆
- 2=φ6.35
- 3=φ9.35
- **4=φ12.70**

断屑槽的区别
- A=带孔无断屑槽
- **B=带圆孔断屑槽**
- R=带右侧角孔断屑槽
- L=带左侧角孔断屑槽
- 无代号=无孔无断屑槽

刀片精度
- P=精密级
- **U=普通级**

刀片刃口斜角
- N=0°
- P=10°

刀片形状
- **S=四角形**
- T=三角形

例如，以上规格的刀片以粗体字表示。

⊖　此刀片规格为日本工业标准。

▲刀尖，从左至右为 2、3、4 号

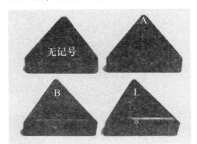

无记号　A
B　L

▲断屑槽

▲根据内切圆来表示大小

当然，刀片的更换工作十分简单，否则就失去了不重磨（可转位）的意义。

刀片不重磨并不是说所有刀片仅用一次就弃之不用。三角形或四角形的刀片有 3 或 4 个角可以使用。而且，上下翻转刀片也可以使用，因此刀片就可以使用 6 或 8 次。

此外，为方便使用，硬质合金刀片的制造商统一了刀片与刀杆的规格及名称。

## 2. 刀杆规格

N22R-44B

刀片大小
├─ A=小刀片
├─ **B=大刀片**
├─ F=薄刀片
└─ H=厚刀片

（A、B、F、H的代号是在针对同一尺寸的刀杆能安装两种类型的刀片而使用的）

刀杆宽度
刀杆高度
├─ 1=13mm
├─ 2=16mm
├─ 3=19mm
├─ **4=25mm**
└─ 5=32mm

侧角
├─ L=左侧角
├─ **R=右侧角**
└─ M=无侧角

刀杆的形状
├─ 10号=使用四角形刀片
└─ **20号=使用三角形刀片**

夹持器形式
├─ E=带孔
└─ **N=无孔**

例如，上文刀杆的规格以粗体字表示。

⊖　此刀杆规格为日本工业标准。

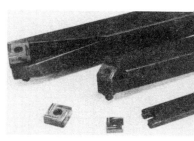

▲带孔刀片夹持器（E 形）

▲无孔刀片夹持器（N 形）

▲安装后的形状

# 金属陶瓷、陶瓷和金刚石

▲金属陶瓷刀具　　　　　　　　　　　　▲陶瓷刀具

## 金属陶瓷和陶瓷

有些材料比高速钢的硬度还要大，因此被冠以"硬质合金"或"超硬"等词，而现如今，已经无处不在用了。然而，还有某些硬度更高的材料能承受在高速切削时所产生的高温，即金属陶瓷和陶瓷。

硬质合金是碳化钨为主要成分的烧结合金，而陶瓷的主要成分为氧化铝（$Al_2O_3$）。陶瓷在高温下表现出的硬度要远比硬质合金高得多，但韧性差、脆性较高。因此，切削铸铁类材料时切削速度能提高 3 倍左右。

相对于陶瓷的易脆性，韧性较大的是以碳化钛（TiC）为主要成分的金属陶瓷，更适合于钢的切削加工。

陶瓷和金属陶瓷还没有像硬质合金那样有统一的规格。各个制造商只是使用各自的代号作为区分，如陶瓷为 C，金属陶瓷为 T。如上图所示，较白的刀片（C1）的材料为陶瓷。刀具的型号和刀杆的号数等采用和硬质合金刀具（参见 10 页）一样的型式。

## 金刚石

金刚石是自然界中最硬的物质。将它制成刀具效果很理想，只是金刚石成形非常困难，采用钎焊和普通焊接均行不通。加之其体积小，夹紧困难，如此一来其优点就被埋没了，只能用于轻度切削。不过，由于其硬度高、耐磨性好，是精加工材料的最佳选择。

金刚石

# 图解切削理论

## 刀具和工件的相对运动关系

用刀具切削工件时，在切入状态下，无论刀具和工件的哪一方发生运动，总能进行一次切削。为了能连续切削，其中一方必须保持连续进给。下图为各种刀具和工件的运动形式以及进给关系。

▲车床——车外圆

▲车床——车端面

▲车床——车孔面

▲卧式铣床——铣外圆

▲立式铣床——铣平面

▲镗床——镗孔

▲牛头刨床——刨平面

▲龙门刨床——刨平面

# 刀具要素

　　刀具的要素，除了下图所示要素之外，还有以在主切削刃和副切削刃之间存在的以过渡切削刃为首的主切削刃、修光刃、刃带和倒棱。

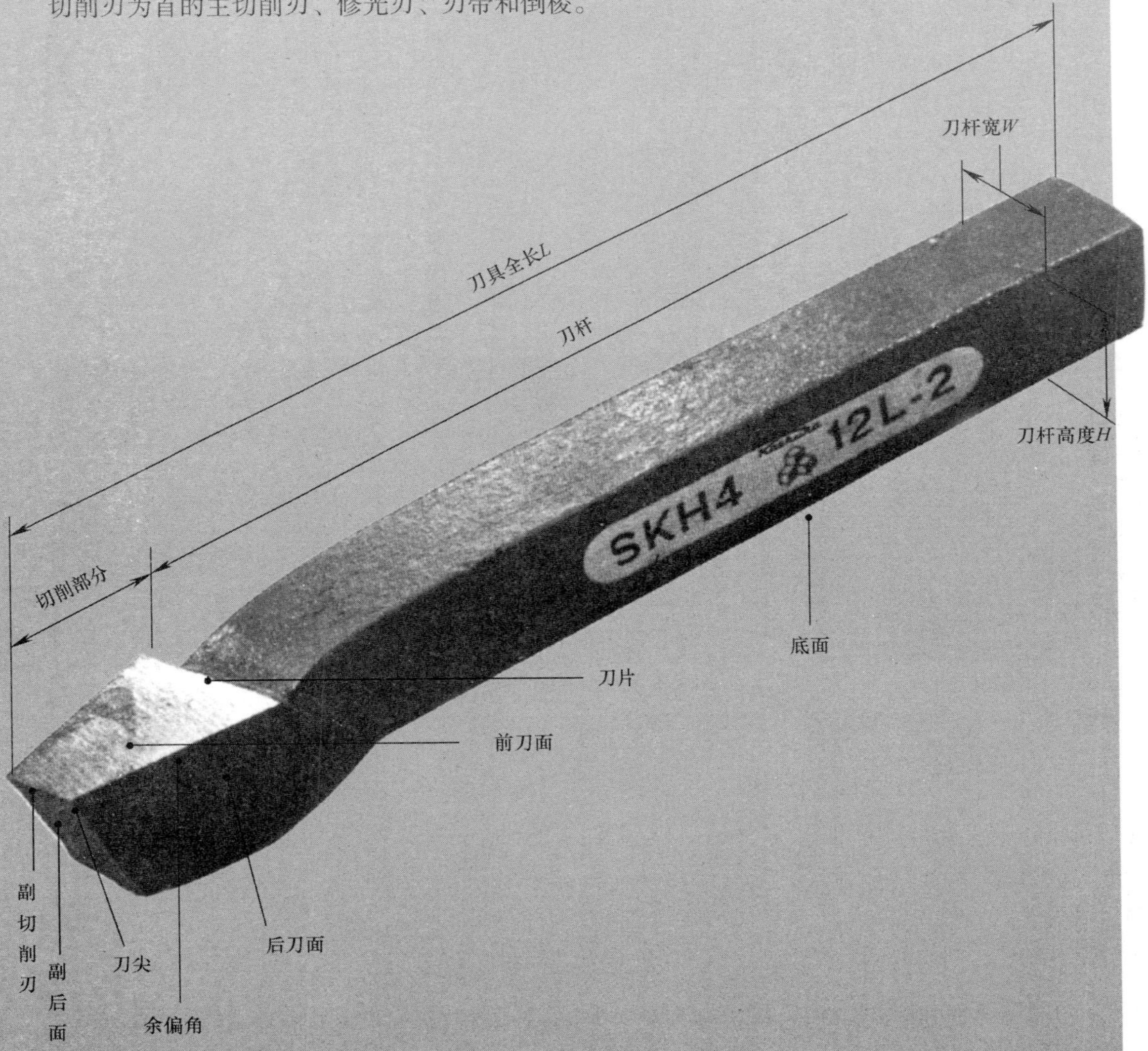

刀杆宽$W$

刀具全长$L$

刀杆

刀杆高度$H$

切削部分

SKH4 ⚘ 12L-2

底面

刀片

前刀面

后刀面

副切削刃

副后面

刀尖

余偏角

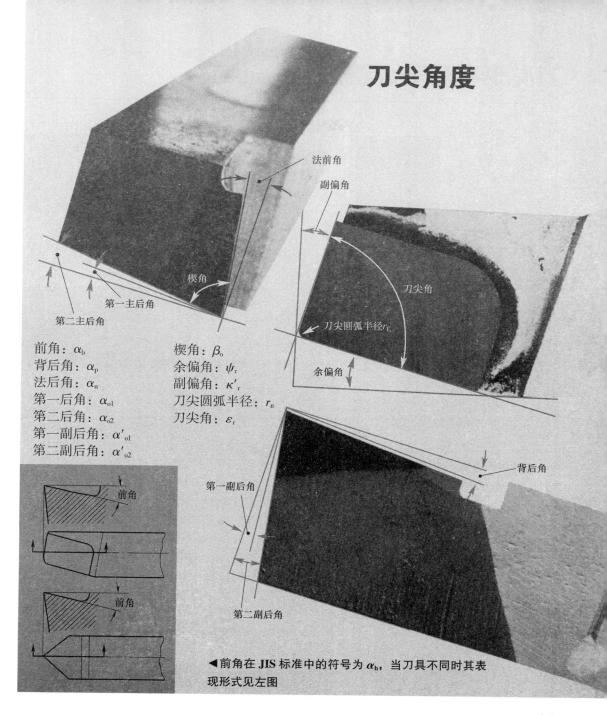

# 刀尖角度

法前角

副偏角

楔角

第一主后角

第二主后角

刀尖角

刀尖圆弧半径$r_\varepsilon$

余偏角

前角：$\alpha_b$　　　　　楔角：$\beta_o$
背后角：$\alpha_p$　　　余偏角：$\psi_r$
法后角：$\alpha_n$　　　副偏角：$\kappa'_r$
第一后角：$\alpha_{o1}$　　刀尖圆弧半径：$r_\varepsilon$
第二后角：$\alpha_{o2}$　　刀尖角：$\varepsilon_r$
第一副后角：$\alpha'_{o1}$
第二副后角：$\alpha'_{o2}$

前角

前角

第一副后角

第二副后角

背后角

◀前角在 JIS 标准中的符号为 $\alpha_b$，当刀具不同时其表现形式见左图

# 刀具形状的表示方法

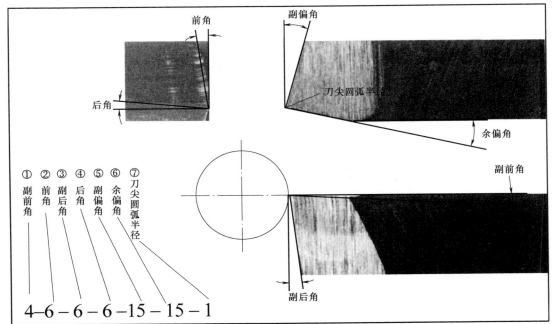

4—6—6—6—15—15—1

刀具的刀尖角度（参见 23 页）有多个，但若是把这些刀尖角度一一地用副偏角、余偏角⊖等表示的话会非常麻烦，而且如果顺序出错就不可避免地会造成混乱。

因此，如果确定表示各角度的顺序，即余偏角、副偏角等，既不会错用也不需用文字说明，只用数字排列表示就可以了。这样，只需用顺序号表示其中的几个角度就可以了。

上图中的顺序号是①副前角—②前角—③副后角—④后角—⑤副偏角—⑥余偏角—⑦刀尖圆弧半径。除了刀尖圆弧半径的单位为 mm，其余均是度（°）。

在记录切削实验和生产现场的数据时常使用此种表示法。

上图刀具的顺序是 4—6—6—6—15—15—1。

该刀片使用时镶嵌在方形的成品刀具上（整体式车刀），副前角为 4°，前角为 6°，副后角为 6°，后角为 6°，副偏角为 15°，余偏角为 15°，刀尖圆弧半径为 1mm。

这种情况下的副前角与 23 页所述的副前角接近（根据具体情况也可能相同），前角是沿刀杆直角方向观察时的前角，和法前角有所不同。而且，副后角均为第一后角。因为以刀杆为基准进行测量比较容易，所以工人经常使用副前角和前角。

⊖ 日本工业标准在考察刀具角度时习惯采用"余偏角"，而我国一般采用"主偏角"，请读者注意。——编者注

# 切削速度

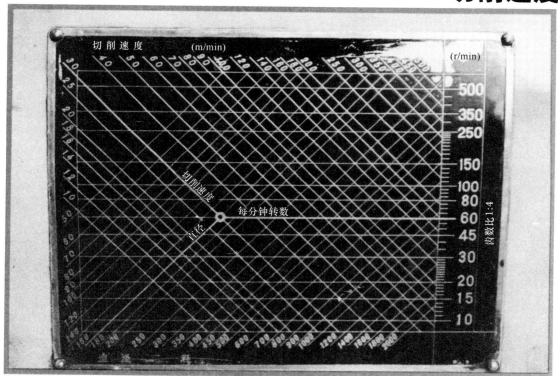

切削速度的定义是：工件相对于刀具的外圆或表面的速度。当使用车床等进行切削时，切削速度与吃刀量无关，而只与工件直径有关。

作为练习，可试着进行车床的操作。

$$v=\frac{\pi nD}{1000}$$

式中　$v$——切削速度（m/min）；

　　　$D$——工件直径（mm）；

　　　$n$——工件转速（r/min）。

切削速度的单位为 m/min，表示每分钟进给多少米的意思，有时候也简单说多少米。

对于铣床而言，只设定铣床主轴直径 $D$

以及转速 $n$。

读完本页，请用切削速度思考机床操作的每一个步骤。

▲ 车床的主轴转数=被切削材料转数变换手柄位置

# 总切削力的三个分力

用刀具切削材料时，工件会产生阻力，就像在说"不许切削!"。当该阻力作用于刀具时，通常称之为"总切削力"。若刀具不能切削工件，一定是产生了这种阻力。

总切削力根据工件、切削速度、刀具的刀尖角度等因素的变化而变化。

总切削力对刀具发生作用时，会分解为右图所示的三个方向的作用力，叫做"总切削力的三个分力"。

在这三个分力中，切削力最大，其方向垂直于刀具向下。

进给力相对较小，其方向与进给方向相反，会使刀具弯曲。

对于会把刀具推回到跟前一侧的背向力，其数值最小。当车断工件时，如果前角过大，刀具会被拉动而导致难以操作，这是沿反方向的背向力在起作用。

如果规定了其他条件，随着余偏角的改变，进给力和背向力之间的比例也会发

余偏角

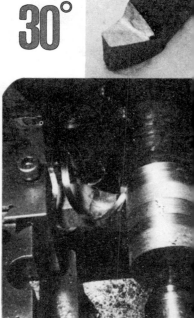

## 余偏角的变化和切屑的流动

对于余偏角为0°的单刃刀具，30°的斜刃刀具，45°、60°的尖头刀具，余偏角为90°（主偏角为0°）的刀具，在切屑时切屑的飞出方向分别如右图所示。这些方向显示了进给力及背向力的大致比例关系。

生变化。

　　各分力的比例可通过切屑飞出的方向体现。

　　对于余偏角为0°的单刃刀具，因为只有进给力，则背向力就为0，此时切屑飞出的方向和刀具进给方向相反。

　　而若余偏角为90°，即变成了切断刀的话，进给力和背向力合起来反作用于刀具正面，切屑则朝着刀具方向飞出。

▲总切削力的 3 个分力——切削力、进给力、背向力

# 总切削力与前角的关系

与总切削力的大小关系最为紧密的莫过于前角了。

因此，当改变前角的大小时，下文将分析总切削力会如何变化。如果总切削力是单纯的阻力，就要使用单刃刀具。也就是说，使背向力为0，只剩下切削力和进给力——通常叫做二次方切削。

其结果如右图所示：前角变大，则总切削力——切削力和进给力都变小。

这两个图也显示了随着切削速度的增大，尤其是进入高速切削时，总切削力会变小。

下面试着改变单刃刀具的前角进行切削，进而观察总切削力的大小与前角的关系。

右图为切屑贴着刀具的前面飞出的情况，当前角为0°时，切屑受到的刀具向下的切削力最大，当前角为45°时最小。

此外，当前角为0°时，进给力也很大，能够看到切屑也会沿着进给方向飞出，工人可以很好的了解已加工面的好坏。

若增大前角，总切削阻力将变小，刀具更容易夹紧。然而任意增大前角，刀具的切削效率会降低，切削热会变小，反倒会缩短刀具的寿命。

▼ 前角和切削力的关系

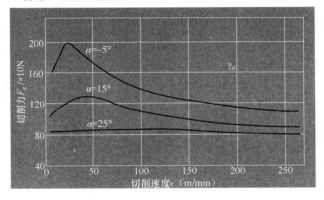

▼ 前角和进给力的关系

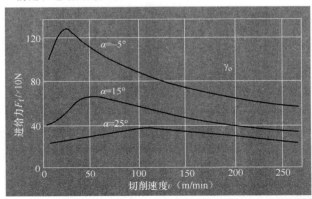

## 前角和总切削力的关系

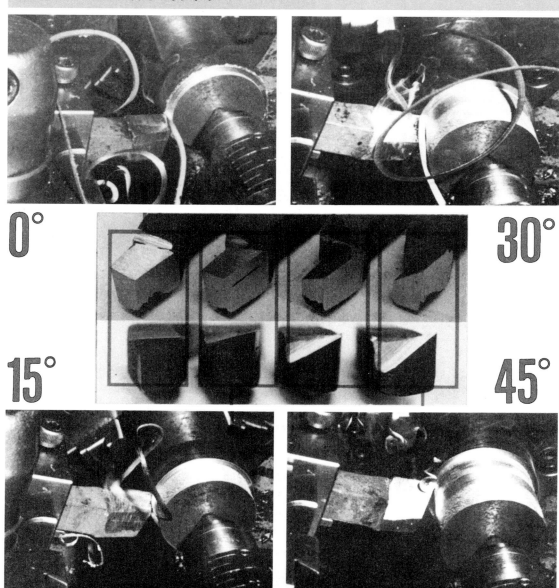

0°

30°

15°

45°

# 切削要素与切屑的关系

如果将削掉的果皮重新卷在苹果上，也可以按照原来的样子拼在一起。

然而，在用刀具切削金属，特别是在持续不断地切削钢材时，切屑不会照原样卷起来。并不是因为切屑太硬，而是因为切屑长度会产生变化的缘故。同时，切屑会变宽、变厚。

也就是说，不同的切削要素下的切屑形状也大不相同。切屑的厚度一般是原来的好几倍，而长度是原来的几分之一。因此，用某个切削速度切削而得到的切屑，相当于是以几分之一的切削速度产生的。话虽如此，但这个比例会随着刀具前角的不同而发生很大变化。

如右图所示，前角的大小会对切屑的形状和大小产生影响。如果前角是0°的话，剪切角小，切屑变形就大，且厚而短。因为变形很大，所以前角的大小和总切

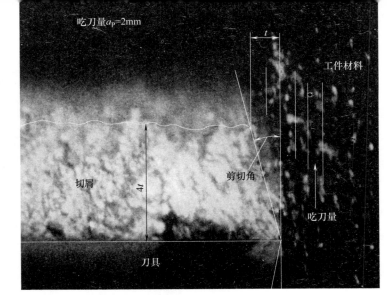

削力的大小有关。

相反地，如果前角变大，剪切角自然也会变大。

看看切屑的实际形状吧。

前角为0°、5°、25°时生成的三种切屑。虽不确定剪切角是否正确，但可以

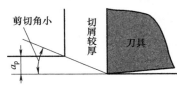
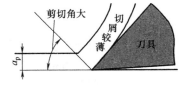

知道切屑变形的比例差别。这时吃刀量是2mm，切屑速度为0.5mm/r时的情形。前角越大，剪切角也越大，如在同样的切削条件下，切屑就越薄；如果剪切角减小，切屑就会变厚。

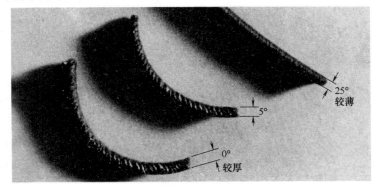

# 切屑的四种类型

由于刀具的前角、切削速度、工件材料、吃刀量和进给速度等不同，产生的切屑也会各式各样。

一般如图所示分为四种，图中的加工条件为：刀具前角为0°，吃刀量为2mm，而切削速度和工件材料有所不同。

● 流线型——切屑从刀具的前面连续地飞出来，这对于切削条件、已加工面和刀具都是有利的。

● 挤裂型——用剪切角进行剪切，切屑与工件相分离。

● 单元型——切削塑性很大的材料时，切屑中的一个个单元被切断而形成的切屑，加工表面质量较差。

● 崩碎型——切屑从表面断裂剥落。在工件上出现断裂，切屑被认为是从断裂处剥离的。

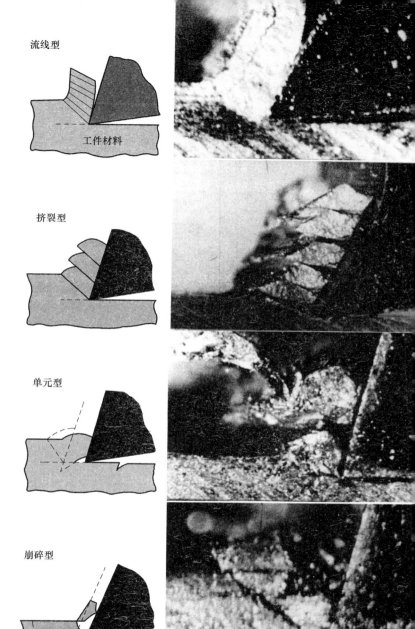

流线型

工件材料

挤裂型

单元型

崩碎型

# 积屑瘤

用刀具切削金属时，有人也许会认为在用切削刃直接切削，然而不用切削刃而靠积屑瘤切削的情形却是大量存在的。积屑瘤是一部分工件材料在高温、高压下硬度不断增

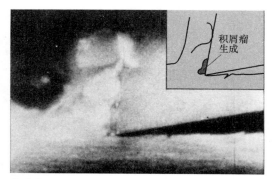

❶ 生成

❷ 生长(1)

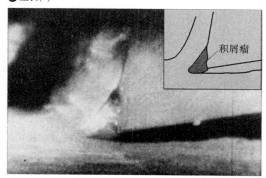

❸ 生长(2)

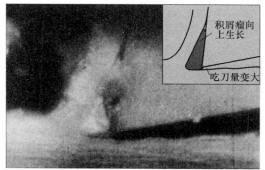

❹ 生长到最大(1)

❺ 生长到最大(2)，尖端一部分脱落，已加工面破碎(1)

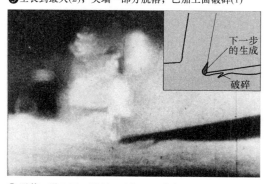

❻ 脱落，进入下一循环，已加工面破碎(2)

加，粘结在刀尖的前面上产生的。

上述的积屑瘤因为硬度非常高，粘结在前面上反而起到了保护刀尖的作用。但是，由于又要发挥刀尖的切削作用，所以积屑瘤

❼ 进一步生长，已加工面破碎

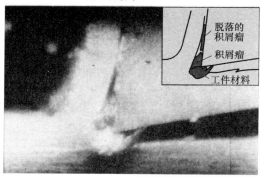

❽ 积屑瘤嵌入已加工面，一部分脱落

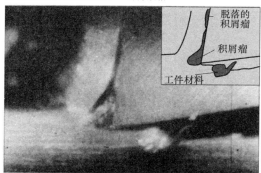

❾ 从已加工表面分离并脱落

会脱落，在脱落过程中会影响已加工面。用其生长过程的照片来看看其功过吧。

首先是"生成"。即刀尖上出现的小东西（图1）。接着就是生长。不断地长大（图2、图3）。

接下来会生长到最大（图4）。生长到一定大小后到达生长限度（图5）。

最后是脱落。之后，又在极短的时间内（1s左右）重复"生成—生长—脱落"的过程，此过程中切屑粘结在了前面上（图6）。

积屑瘤一旦生长起来，切削时的吃刀量明显地比刀尖的吃刀量要大（图3、图4、图5）。

积屑瘤圆圆的像鼻尖一样，因此加工面绝不会很光滑，而是破碎的。这就使得已加工面质量变差（图7）。

脱落的积屑瘤有时候会嵌入工件材料中（图9），有时候会嵌入切屑中。而且，刀具前面和切屑之间有时也会存在滚动（图8），并且切屑内部有裂痕，所以观察切屑的剖面就能了解其生成—脱落的过程。积屑瘤是在切削易加工材料——碳钢、铝，以及难加工材料——铸铁、铜时产生的。

对于积屑瘤的利弊问题，实际上弊大于利。因此，一般要考虑阻止积屑瘤产生，方法如下：

1）前角要大于30°。

2）刀尖部分要高温处理，则应：

① 提高切削速度。

② 减小前角。

③ 增大吃刀量。

3）切削液采用极压切削油（低速时）。

对于上述方法，仍要根据不同的切削条件、刀具材料来决定采用哪种方法。

# 刀具的磨损

刀具在切削之后必定会发生磨损，可分为后面磨损和前面磨损。

## ●后面磨损

后面磨损产生于刀具的后面和副后面，副后面的磨损会影响尺寸精度和已加工面的质量。

后面磨损与前者不同，特点是两端大、中间细，最后大多数均又变大。

后面磨损的大小用磨损宽度 $VB$ 表示。如果只是 $VB$ 的话，如下图的 $VB_2$ 叫做"后面磨损宽度"，$VB_3$ 叫做"边界磨损宽度"。$VB_3$ 是由于工件材料和切削速度发生很大变化引起的。

## ●前面磨损

前面磨损又称月牙洼磨损，切屑在刀具的前面上磨出的月牙形凹坑，也像月亮表面的陨石坑，习惯上称为月牙洼。

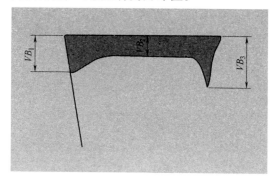

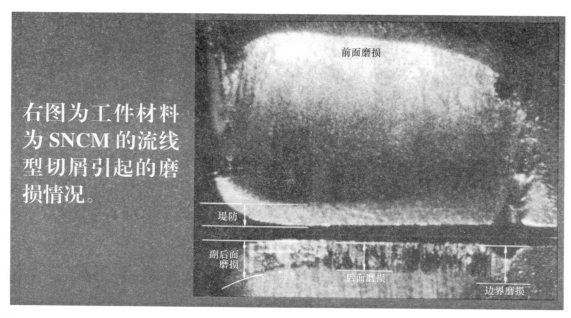

右图为工件材料为 SNCM 的流线型切屑引起的磨损情况。

月牙洼好比是刀具上的坑，由于切屑和刀具前面之间的强烈摩擦，刀具材料的组织一点点地被切除而逐渐产生。

如右图所示，从切削刃的尖部延伸到偏中间的位置，尖端会像"堤防"一样地残留下来，一般测量前面磨损深度时用 $KT$ 表示。

除此之外，前面磨损从切削刃端部到最深处的月牙洼中心距（$KM$）、堤防宽度（$B$）都不是固定值。因为工件材料、切削速度、前面磨损的产生方式及其位置和深浅不同。

如果是流线型切屑，切屑在离刀尖较远的位置产生；如果是挤裂型切屑，则在离刀尖较近的位置产生。因此，堤防宽度（$B$）也会有所不同，上述尺寸和切削速度、进给量之间的关系见下一页。

不过，如果切削铸铁，则黑皮部分不是很规则，边界磨损也就不太明显。

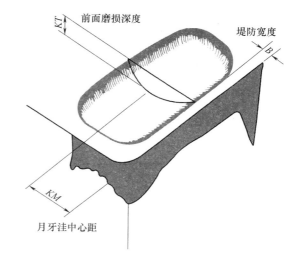

前面磨损深度

堤防宽度 $B$

$KT$

月牙洼中心距 $KM$

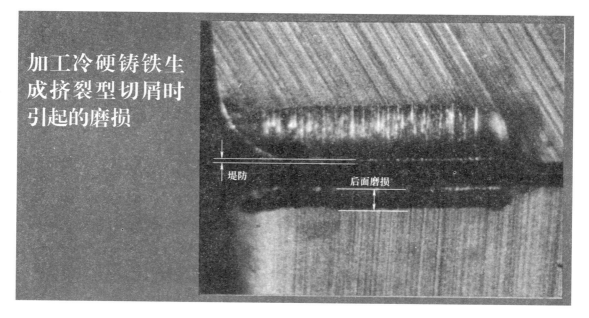

加工冷硬铸铁生成挤裂型切屑时引起的磨损

堤防

后面磨损

# 刀具寿命

刀具寿命是如何确定的呢？当然是指当刀具变得不能使用（即报废）了的时间。那么，要怎样才能判定刀具不能继续使用了呢？是加工面太差了，还是因为加工精度大大降低了？

然而，因为刀具不能切削了，就不能刃磨修正或更换刀片。如果是小批量生产，则还好处理。但如果有衡量寿命的标准的话不

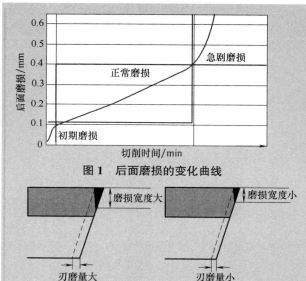

图1　后面磨损的变化曲线

图2　磨损宽度较小时可以再次刃磨

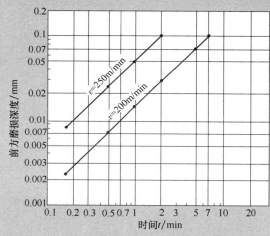

图3　前面磨损深度的变化曲线

刀具的磨损参见 34 页。其中，也有用后面磨损的宽度来判定刀具寿命的方法。

精密轻切削，非铁合金的加工 … 0.2mm
特种钢的切削 ………………… 0.4mm
铸铁或钢的一般性切削 ……… 0.7mm
铸铁的粗加工 ………………… 1.0mm
这些是基本标准。

后面磨损的变化曲线如图1所示。该图的哪一点体现了刀具寿命呢？

当然，还有一个判定的标准。如图2所示，后面磨损宽度大，那么再次刃磨量也增

大。这样，劳动时间、工作量、消耗的砂轮（尤其是 GC 砂轮）量也不能忽视了。有些工厂便是按再次刃磨量来决定刀具寿命的。

还有用前面磨损深度（月牙洼深度）判定刀具寿命的。因为被工件材料和切削条件不同，前面磨损有时会过早产生。

前面磨损深度的变化曲线如图3所示，前面磨损深度（月牙洼深度）与时间成线性比例。

与后面磨损不同，前面磨损没有初期磨损和急剧磨损。

就更加方便测量了吗?

因此,如果只存在这种程度磨损的话,刀具寿命也就能够判定了。

当然,除了磨损之外,与寿命有关的还有如崩刃、剥落、热裂。崩刃用肉眼可以看到,显而易见是缺陷。而剥落是刀尖上产生的细小缺陷,用放大镜才可以观察到。热裂也不需要进行说明了,是钎焊、刃磨等和热应力有关的操作产生的裂纹。

关于磨损和寿命的关系下文将作进一步说明。

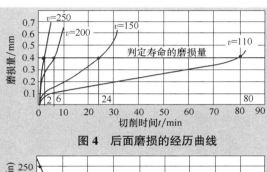

图4　后面磨损的经历曲线

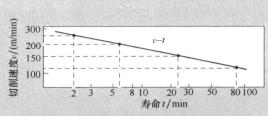

图6　双对数寿命曲线(后面磨损)

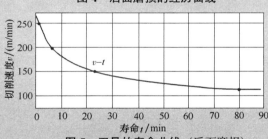

图5　刀具的寿命曲线(后面磨损)

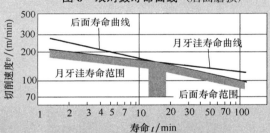

图7　碳化物刀具的寿命曲线

设定好工件材料、刀具材料、刀具的形状、吃刀量、进给速度等切削条件,改变四把刀具的切削速度,得到后面磨损的经历曲线。切削速度取 110m/min、150m/min、200m/min、250m/min,如图4所示。

此处的后面磨损宽度为 0.4mm,车刀的寿命有 80min、24min、6min、2min 不同时长。把寿命作为横坐标轴,切削速度作为纵坐标轴,如图5所示。这条线为"寿命曲线",与切削速度 v (m/min) 和时间 t (min) 一起构成 v—t 线图。

在图5中,横坐标轴和纵坐标轴都变得很长,改为如图6所示的双对数形式,曲线就成为了直线。

试着对前面磨损画出 v—t 线图和寿命曲线。图7是在某一条件下,后面寿命曲线和前面磨损深度曲线(月牙洼寿命曲线)。前面磨损的倾斜程度较为缓和,对于切削速度比较敏感。在图7中,两条线的交点——切削速度为 150m/min 处,用时 15min——无论对于哪种磨损寿命都是一样的。

切削速度大于 150m/min 的话,前面磨损的时间就缩短。如果速度慢了,后面磨损的时间便会缩短。

(资料来自职业训练大学　条崎襄教授)

# 切削速度与刀具磨损的关系

切削速度对刀具的寿命有很大影响。切削速度提高，刀具寿命会急剧缩短；切削速度下降，刀具寿命则可延长。因此，刀具的寿命过短时，可以通过稍微降低切削速度来调节。

某些刀具对于切削速度非常敏感，特别是高速钢刀具，切削速度上升或者下降2~3m/min，其寿命就会有一位数（1/10或10倍）的变化。

但有时候切削速度突然降低，不但不能延长刀具寿命，反而将变短。在实际切削条件下，用双对数图表来表示两者的关系时，呈线性关系。即寿命 $T$ 与切削速度 $v$ 成比例时，就会缩短。

下面用照片进一步来作说明，用四种高速钢刀具切削 SCM（铬钼钢）。

前角分别为0°和5°，切削速度为20m/min和40m/min。

前角为0°时，切削开始时生成干净的切屑，30min后，切屑便会变脏；前角为5°时，切削开始时和30min之后的切屑都是一样的。

用 40m/min 的切削速度来看看相同情况下有何变化。前角为0°时，切削开始时的切屑和过了5min之后的切屑完全不同；前角为5°时，同样如此。在不同条件下的结果中，当切削速度为40m/min时，刀具寿命仅为5min。

刀具的状态如下，前面磨损的差异便十分明显。

切削速度为20m/min

前角为0°

切削速度为20m/min

切削之初　　30min后的刀具　　30min后的刀具

前角为5°

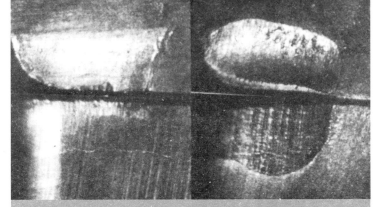

若切削速度低，切屑接触前面的时间长，因此前面磨损较浅；若切削速度高，切屑接触前面时间虽短，但因压力很大，所以前面磨损较深。

右图的两张照片是当切削速度的变化时刀具磨损的变化。当切削速度为60m/min时，切屑只是接触刀具前面的较短的一段，刃磨前面时的砂轮痕迹也能在切屑磨损处看见，且有一个积屑瘤。

▲切削速度 60m/min　　　　　▲切削速度 150m/min
被切削材料：SCM4（铬钼钢），硬度：47 HS，进给量：0.2mm/r，吃刀量：1mm；时间：10min，刀具材料：P20，刀具型号：0–6–5–5–20–20–0.5。

当切削速度为 150m/min 时，前面被磨损得很厉害，只是切屑接触前面的长度突然缩短了。

当然，后面也有较大磨损。

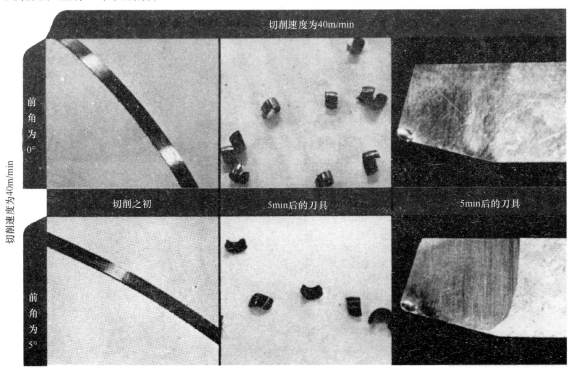

切削速度为40m/min

前角为0°

前角为5°

切削速度为40m/min

切削之初　　　　　　5min后的刀具　　　　　　5min后的刀具

# 进给量与刀具磨损的关系

要提高切削效率，就要按切削速度进给。切削速度在一定程度上受工件材料的制约。

本页所讲即为切削速度与车刀磨损关系的实验。

工件材料为高碳钢这类的硬质材料，刀具型号为0-3-10-10-45-45-0.6 尖车刀，切削速度为 10m/min，吃刀量为 1.0mm，时间为 30min。

看了车刀的形状就会明白，为了让进给量可以变大，

工件材料：冷硬钢；
车刀型号：0-3-10-10-45-45-0.6；
切削速度：10m/min；
吃刀量：1.0mm；
切削时间：30min

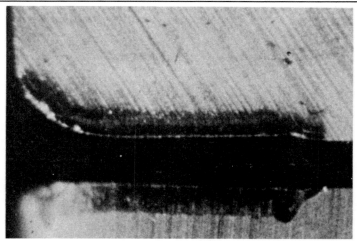

## 1

进给量：**0.099mm/r**；
前面磨损宽度：**0.225mm**；
月牙洼磨损深度：**0.0138mm**

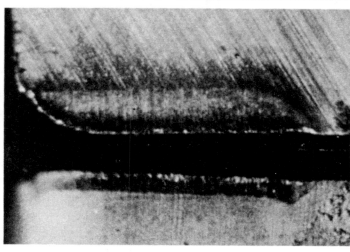

## 2

进给量：**0.350mm**；
前面磨损宽度：**0.150mm**；
月牙洼磨损深度：**0.0314mm**

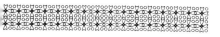

后角角度为 10°，切削速度较高时为 5°。

对于进给量，在金属加工中会出现小数点，例如

0.099、0.350、0.505、0.700等。前文的月牙洼磨损随着进给量的变大，宽度也会变大，其磨损深度也会从0.0138mm 增加到 0.0623mm。但是，之后的前面磨损宽度在进给量最小时磨损很大，

而进给量增加至 0.350mm 时，其值反而会变小。

似乎可以得到这么一个结论：进给量太小的话，那就会影响到后面；进给量越小，磨损反而越大，而且效率也会降低。

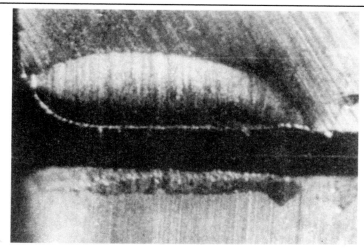

3

进给量：0.505mm/r；
前面磨损宽度：0.180mm；
月牙洼磨损深度：0.0599mm

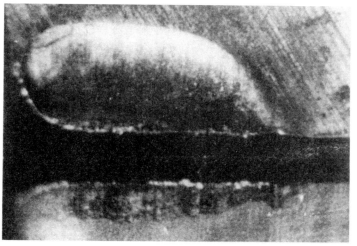

4

进给量：0.700mm；
前面磨损宽度：0.280mm；
月牙洼磨损深度：0.0623mm

# 前角与刀具磨损的关系

前角增大，总切削力将变小。但如果前角增大，切屑的剪切角 φ 也会增大，切屑会变得很薄，切屑与前面的挤压就会变小。

车刀采用 0-a-6-6-15-15-1，前角 $\gamma_o$ 为 $0°$、$5°$、$15°$、$25°$ 四种，工件材料为铬钼钢，切削 30min，切削速度为 20m/min，车刀材料是高速工具钢。

比较四种车刀前面的磨损情况，看看右图就能明白了。前角小的，切屑的剪切角也较小，切削力作用的位置也会后移，总切削力会变大。

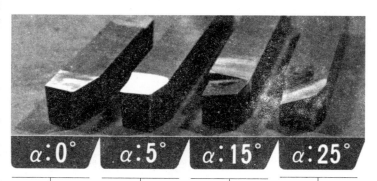

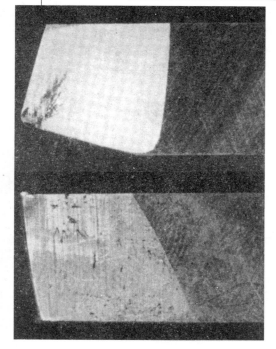

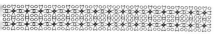

但是，如果前角变大，总切削力就会变小，无论怎样车刀的寿命都将缩短。因为与车刀相关的分力，即使只是轻微的改变，都关系到刀尖的变化。而且，车刀受切削热的影响体积会变小，所以对于刀具寿命更加不利。

至此，刀具寿命似乎对前角有严格要求。下面分析刀具后面的磨损情况。前角

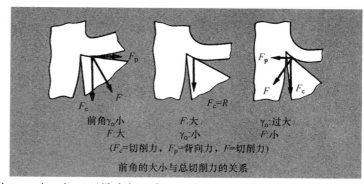

前角的大小与总切削力的关系
（$F_c$=切削力，$F_p$=背向力，$F$=切削力）

| 前角$\gamma_o$小 | $F$大 | $\gamma_o$过大 |
| $F$大 | $\gamma_o$小 | $F$小 |
| $F_c=R$ | | |

为 0° 时，车刀不易磨损，但后面发生磨损的同时，边界磨损却会较严重。

前角为 5° 时，前面磨损会很明显，尤其增大至 15°或 25° 时，尽管也有后面磨损，但可以清晰地观察到有积屑瘤产生。

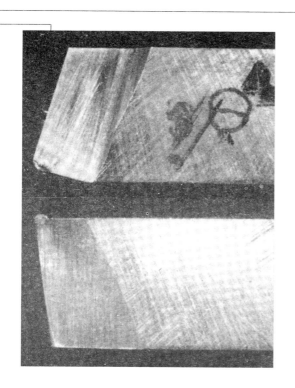

# 余偏角的作用

再看一次 26 页和 27 页，为不同的余偏角的车刀和切屑的飞出方向。当吃刀量和进给量相同时，如果改变余偏角会出现什么现象呢？可以推测得到总切削力的进给力和背向力会发生变化，但关键是切屑厚度会改变。为什么切屑厚度很关键呢？带着疑问请看下文……

右图中吃刀量和进给量虽然相同，但余偏角大于 0°，即比单刃车刀的主偏角大，切屑的厚度就会减小。但是切削面积是相等的，即使切掉同样大小的切屑，余偏角增时大，因为刀尖的接触长度会变长，所以刀尖的作用力——主要是进给力，会被分散在切削刃上。此时，采用使切屑厚度变薄方法进行考虑。

下图很好地佐证了上文。磨损部分的长度随着余偏角的增加而成比例地延长，但是前角的磨损深度和长度在余偏角为 0° 时候最大（深、宽），在余偏角为 60° 时最小（浅、窄）。

重新刃磨车刀时，前面磨损很浅，这对车刀非常有利。

不管怎样，刃磨前面与磨损的面积并无太大关系，因为要刃磨整个前面，所以磨损面越浅，刃磨的量就会越小。

那么，后面磨损又如何呢？当余偏角超过 30° 时，两者的差别不大，所以证实了只是前面受到了影响。

另外，在切削开始和结束时，对于车刀受到的冲击，若余偏角为 0°（单刃车刀），全部切削刃同时负重。车刀退刀的一瞬间，负重消失——变为

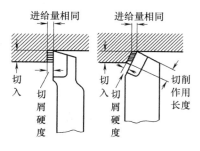

▲切屑厚度

## 余偏角的大小与磨损量成正比

余偏角：0°；
后面磨损宽度：0.20mm；
前面磨损深度：0.0389mm

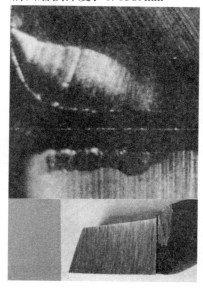

余偏角：30°；
后面磨损宽度：0.14mm；
前面磨损深度：0.0327mm

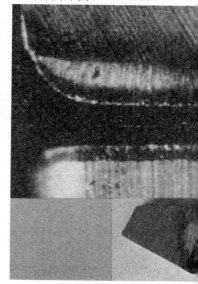

负冲击。不管哪一种情况，切削刃均容易产生缺口。

但通过在主切削刃上增加偏角，就可实现自车刀的根部较结实部分逐渐地与工件接触，退刀时也是从刀柄开始负重，因此可以保护比较脆弱的刀尖。

另外，对于脆性较大的工件材料（如铸铁），用单刃车刀切削时，切削结束时会发生脆断而留下缺口。而如果增加余偏角的话，就不会出现上述问题了。

▲余偏角为 60°时切削时存在振动

但对于细长工件，余偏角加大的话，由于背向力也会增大，工件会后退，因此有必要把余偏角变小些，进而把背向力减小。

光增大余偏角，还不能完全解决问题，就是右图的振动，要求切断刀的长度要长。所以，余偏角的范围是有限度的、而且单刃车刀（33 型）与斜刃车刀（31 型）相比，斜刃车刀的寿命大约是前者的两倍。

工件材料：冷硬钢；车刀类型：K01；刀具型号：0-3-10-10-45-x-0.6；切削速度：10m/min；吃刀量：1mm；进给量：0.35mm/r。

余偏角：45°；
后面磨损宽度：0.13mm；
前面磨损深度：0.0276mm

余偏角：60°；
后面磨损宽度：0.135mm；
前面磨损深度：0.0188mm

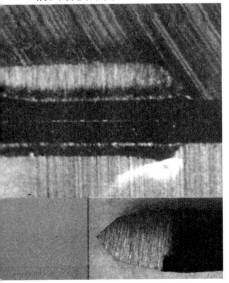

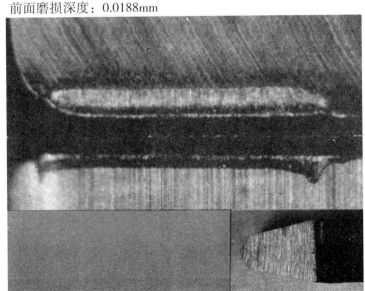

# 车刀材料的选择

| 性能倾向 | JIS 使用<br>分类代号 | 主要的工件材料 | 切削方式 |
|---|---|---|---|
| 耐磨性顺序、切削速度顺序　韧性顺序、抗弯强度顺序 | P01 | 钢、铸钢 | 精密车削、精密镗削 |
| | P10 | 钢、铸钢 | 车削、成形切削、螺纹加工、铣削 |
| | P20<br>(P25) | 钢、铸钢<br>可加工出长切屑的可锻铸铁 | 车削、成形切削、铣削、刨削、粗加工 |
| | P30 | 钢、铸钢<br>可加工出长切屑的可锻铸铁 | 车削、铣削、刨削 |
| | P40<br>(P45) | 钢、铸钢 | 车削、刨削、成形刨削 |
| | P50 | 中低拉伸强度的钢、铸钢 | 车削、刨削、成形刨削、插削 |
| 耐磨强度、切削速度顺序　韧性顺序、抗弯强度顺序 | M10 | 钢、铸钢、铸铁、高锰钢、奥氏体钢、特殊铸铁 | 车削 |
| | M20 | 钢、铸钢、铸铁、高锰钢、奥氏体钢、特殊铸铁 | 车削、铣削 |
| | M30 | 钢、铸钢、铸铁、奥氏体钢、特殊铸铁、耐热合金 | 车削、铣削、刨削、钻削 |
| | M40 | 钢（数控车床）、易切削钢、非铁金属 | 车削、成形切削 |
| 耐磨性顺序、切削速度顺序　韧性顺序、抗弯强度顺序 | K01 | 铸铁、高硬度铸铁、冷硬铸铁、淬硬钢、硬质纸、陶瓷、石棉类人工合成材料、高硬度硅铝合金 | 精密车削、精密镗削、铣削、车削 |
| | K05 | 高硬度铸铁、冷硬铸铁、烧结硬质合金、硬质橡皮、岩石、硬质纸、硅铝合金、塑料 | 车削、镗削、拉削、铰削、刮削 |
| | K10 | 200HBW 以上的铸铁、可加工出短切屑的可锻铸铁、淬硬钢、硅铝合金、铜合金、玻璃、硬质纸、硬质橡皮、陶瓷等人工合成材料 | 车削、铣削、镗削、拉削、铰削 |
| | K20 | 220HBW 以下的铸铁、铜、非铁合金、轻合金、积层木材 | 车削、铣削、镗削、拉削、铰削 |
| | K30 | 拉伸强度低的钢、低硬度铸铁、非铁金属 | 车削、铣削、刨削、成形刨削 |
| | K40 | 低硬度非铁金属、木材、塑料 | 车削、铣削、刨削、成形刨削 |

不管是高速钢还是硬质合金，车刀有各种各样的材料。在高速钢中，使用得比

▲选择 3 种含钴 高速钢，在同样切削条件下比较磨损的情况。磨损差别不仅仅是钴元素含量的不同，高碳、高钒且 $w$（Co）=5% 的高速钢，其前面磨损很大，后面磨损较小；而低碳且 $w$（Co）=20% 的高速钢正相反，高速工具钢介于两者之间。

较多的有 4 种、9 种。另外，对于硬质合金有 P 种、M 种、K 种分类使用，有必要按工件材料的不同分开使用。

常言道要"因人施教"，工人也应该"因材选具"，即首先弄清楚材料的性质。

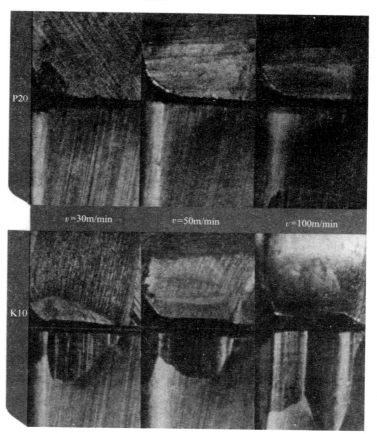

▲ 硬质合金按工件材料和目的的不同分为 P、M、K。字母后的数字越小韧性越差，但耐磨性较好；数字越大耐磨性就越差，但韧性较好。在同样的切削条件下，切削碳素钢时，P30 比 P10 的磨损还要厉害，但刀尖缺口却是 P10 较大。

▲ 这次选择用于加工钢的硬质合金材料 P20 和用于加工铸铁的硬质合金材料 K10 分别切削 SCr2 钢。切削条件是：车刀的型号为：0-6-5-5-20-20-0.5，进给量为 0.2mm/r，吃刀量为 1mm，切削时间为 10min。

不管用哪种切削速度，K10 的磨损均较大。可加工出挤裂型切屑的工件材料中，K10 的数字很小（耐磨性强），但是磨损的差别却很大。

车刀出现缺口的话，可以考虑换成韧性好的（即数字较大的）刀片；如果磨损得太快，就换成耐磨性好的（即数字较小的）刀片。

# 断屑槽

在车床上车钢铁材料的话，因切屑的韧性好有弹性，会弯曲并缠绕在刀架和工件上。对于这些切屑的处理，无论在哪都是个麻烦事。如果切屑与工件一起旋转，是非常危险的，不仅可能会让机床停转，而且因其用手又很难清除，还可能伤及手指，类似的事故时有发生。

所以人们便想，如果一边加工一边就能把切屑折断的话……

这个方法就是，在切削刃上开槽，把从车刀前面流出来的切屑强行弯曲、折断。

断屑槽也用于多刃刀片上，在车刀上的加工一个槽，但如右图所示，如何确定其槽的宽度和深度又成了问题。$W$ 是进给量的 5~10 倍，$H$ 一般在 0.5mm/r 左右。

## 不同的吃刀量和进给量对应不同的断屑槽及不同的断屑效果

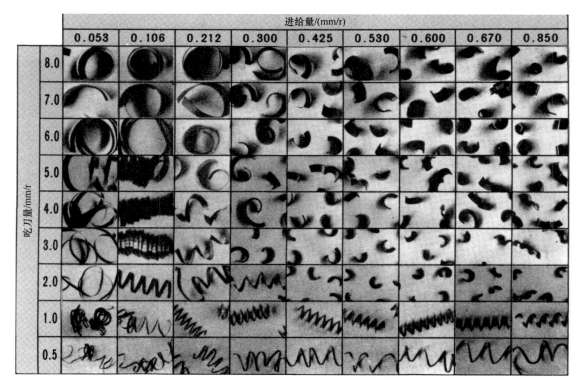

虽说如此，由于切削条件各不相同，特意增加断屑槽也未必有好的效果。采用某个断屑槽，通过改变进给量和吃刀量做个试验，如下文所示。

将进给量和吃刀量控制在切屑适当弯

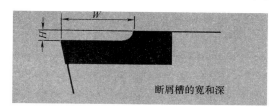

断屑槽的宽和深

曲、折断范围内，是发挥断屑槽作用的前提条件。所以，应根据工件材料、切削速度、槽的尺寸等，在其范围内改变进给量和吃刀量。

另外，槽的位置分为与切削刃平行和与其成一定夹角两种情况。与切削刃之间的夹角（槽斜角）分为外斜式和内斜式两种，对应各自产生的切屑飞出来的方向也不一样。因此，被强行弯曲的切屑碰到的断屑槽位置也不同。所以，即使切削条件相同，切屑的形状也不会完全一样。

# 断屑槽的槽斜角不同产生的切屑的形状也不同

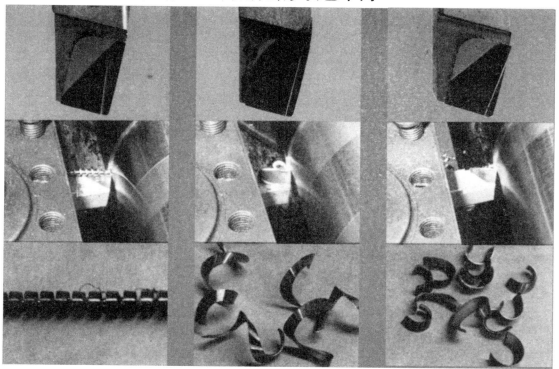

▲槽斜角：内斜式
$f$=0.35mm/r

▲槽斜角：平行式
$f$=0.35mm/r

▲槽斜角：外斜式
$f$=0.35mm/r

# 库佐夫金车刀

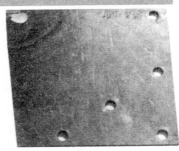

▲ 在钢板上钎焊刀片

▲ 增加副前角的车刀

▲ 库佐夫金车刀的形状

苏联车工库佐夫金发明的刀具，是一种特殊的切断刀。从刀尖上看，像剑一样尖；从前面和侧面看的话，像屋顶一样；且车刀从中间向两边倾斜。

一般切断刀切入工件时，切屑的宽度比切削刃还宽，如此一来，切屑就会和切断槽的两侧壁产生摩擦，故而存在很大的阻力。

但是，如果采用库佐夫金车刀，为了使切屑可从切断刀两边中成直角排出，切屑会从两边被挤压着在中央堆成山峰的形状。因此，切屑的宽度比切断槽的宽度要窄，切屑就不会与两侧壁产生摩擦了。

有些库佐夫车刀还增加了前角和副前角，可从反方向挤压切屑而形成山谷形。这种在钢板上钎焊刀片而制成的车刀安装在特殊的刀架上，可常用于大直径工件的切断。

▲ 库佐夫金车刀车出的切屑

# SWC 车刀

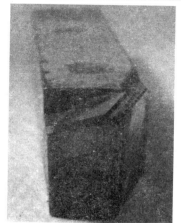

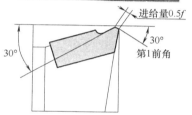

▲两个前角

▲用 SWC 车刀切削时会出现两条切屑，左边为第二条切屑

SWC 车刀是由星光一博士设计而成的，其切削刃形状的特点是能有效地利用积屑瘤进行切削。SWC 车刀的形状如上图所示，在前角为 30° 的刀尖上增加了一个 -30° 的前角。该负前角的第一前面的宽度，是进给量的 1/2。

在负前角的第一前面上有积屑瘤，但因为第二前角为 30°，不会存在积屑瘤，而且又能向第一前面不断补充，所以车削时可形成第二条切屑而从旁边排出。

不仅如此，由于这种车刀的 -30° 刀尖朝下，所以很难产生缺口，而且还能被积屑瘤保护着，因此，其刀具寿命很长。刀尖与积屑瘤一起构成 30° 前角，因此切削顺畅，产生的切削热也较少，故而会产生银白色切屑。SWC 即是由 Silver White Chip 三个单词的首字母的组合。

但由于 SWC 车刀刃磨较难，而且靠积屑瘤加工出的表面质量也不理想，加之硬质合金材料的快速发展、刀具寿命的不断提高，因此现在已经很少采用 SWC 车刀了。

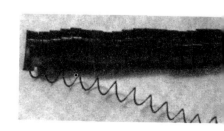

▲用 SWC 车刀车出的切屑

# 滚轮式车刀

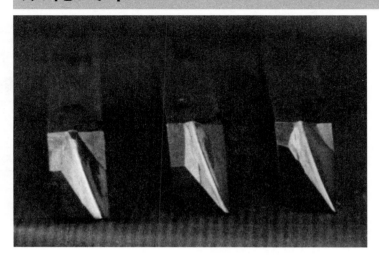

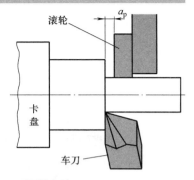

▲切削方法

滚轮式车刀主要用于转塔车床上加工较长工件。车刀的滚轮分为单个滚轮和多个滚轮，以及其他种类。

本文介绍的车刀是单个滚轮的车刀，其刀尖角度等与前文所述车刀的角度完全不同。切削刃是照片右侧的尖尖的一条线。因为滚轮式车刀是竖着安装的，为便于拍照，此处展示的方向与实际安装方向正好相反，加工时用左侧的切削刃进行切削。产生的切屑会卷成线圈状，从V形槽中排出来。

该车刀可以车得很深，如右上图所示，加工时一边靠滚轮支承工件，一边用滚轮抛光已加工表面。图中的 $a_p$ 为进给量的2~3倍。

单滚车刀的标准刀尖形状如下图所示。

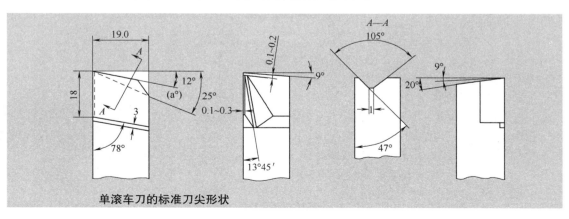

单滚车刀的标准刀尖形状

# 刀架

有些车刀可以直接安装在车床上，还有些车刀需要先固定在刀夹上进而实现安装。

车孔用的刀架等是典型的刀架，通孔和不通孔用的刀架的区别如图①所示。

还有一种是弹性刀架，用于螺纹加工用的整体式车刀的安装如图②所示。

图③是用于加工大导程角的螺纹、艾克木螺纹等用的刀架。若螺纹的导程角很大，车刀的刀片必须作大角度倾斜。使用这种刀架和圆形整体式车刀的话，一个刀架可适用于多种导程及倾斜角的螺纹加工。三个整体车刀用于加工艾克木螺纹。

用于铣床（图4、图5）和钻床（图6）的车刀也需要刀架。

① 加工不通孔 加工通孔

②

③

④

⑤

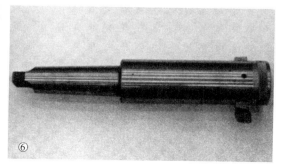

⑥

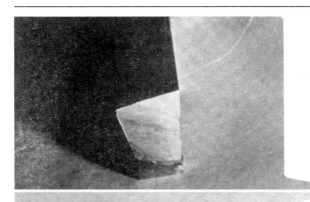

◀ 这是用于批量生产的自动车床上，进行成形加工的车刀，使用时固定在下方照片的燕尾槽里。如右图所示，刃磨上侧的前面的话，只会使用刃磨的部分，不同种类的车刀的保持方法也不同。

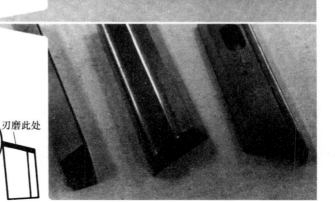

▶ 知道这个车刀哪一幅图是上面吗？显然，照片所示的上方就是车刀的上方，但若把这个整体式车刀拿在手里，就很可能分不清了。这是牛头刨床用的斜刃刨刀，用于车床时即为左偏刀。从正面看，可清楚地发现其前角很大且为正角，而副前角也很大但为负角。

刃磨此处

# 仿形车刀

◄圆形车刀也有很多形式，在日本工业标准中虽然定义为圆形车刀，但在操作现场却大多被称做"杯形"车刀。当然，其主要作为成形车刀使用。圆形车刀约有 3/4 圆周可用于切削。也可如下图所示用于加工内孔。为了便于观察，本图中车刀上下、左右均颠倒放置。

▲把用完的可转位刀片切成一半钎焊在刀杆上

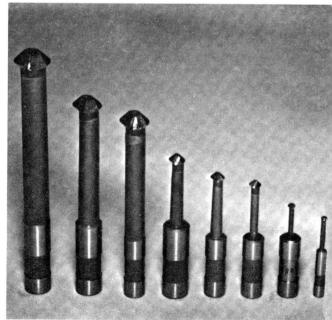

▲用于坐标镗床的车刀

**55**

# 砂轮与  双端面磨床

在规模较大的公司或批量生产的工厂里，一般均有专门的车刀刃磨规范。如此一来，在掌握车刀知识外对于刃磨车刀的双端面磨床和砂轮，必须有一定的了解。

这类磨床的正中间装有一个发动机，在其轴的两侧有安装砂轮的简易装置。对于常使用车刀的工厂，在厂房的一角肯定会备有一台，大小可能不同，但形状都很类似。

一般会形容这类磨床两边都有头。在双端面磨床上安装的砂轮基本上也是固定的，一端为刃磨硬质合金车刀的 GC 砂轮（绿碳化硅砂轮），由于是浅绿色，故俗称为"青砂轮"；另一端为刃磨刀杆和高速钢车刀的氧化铝（刚玉类）砂轮，为灰色。

在砂轮上会贴有图 1 所示的商标，商标内容的表示方法是固定的。最上面一行为制造号码（注：此处标记方法为日本工业标准，我国相关标记规则可参考国内有关标准）。

| 种类 | 粒度 | 硬度 | 组织 |
|------|------|------|------|
| A | 60 | P | m |

含义为：棕刚玉 A 磨料，粒度为 60 号（中粗），硬度为 P（中等硬度），组织为 m（中等）。

下一行为：

| 结合剂 | 形状—外形 | 尺寸（$D \times T \times H$） |
|--------|-----------|------------------------------|
| V | 1-A | $255 \times 25 \times 19.05$ |

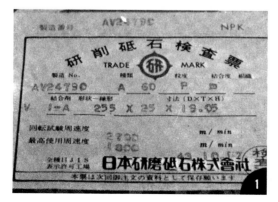

含义为：结合剂为 V(陶瓷)，形状是 1 号（平形）的 A 外形，直径为 255（10in），厚度为 25，内孔直径为 19.05（3/4in）。

在设计时，砂轮的外径和内径会受到磨床结构的限制。

砂轮上的砂轮孔（图 2）用铅做成，轻微误差可以很容易被修正。

那怎么安装呢？首先用木锤轻敲砂轮，通过听声检查砂轮有无裂缝（图 3）。

然后把砂轮安装到轴上（图 4）……接着安装法兰，拧紧螺母（图 5）。注意用力不要过太，用木锤轻敲扳手即可。反面的螺钉是左旋螺纹，其原因应不难理解。

转动平衡码，使之平衡，用螺钉紧固（图 6）。安装端盖（图 7），最后调节台座，完成安装（图 8）。

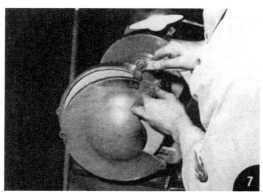

▲按下起动按钮，空运行 1~3min

▲修整

# 车刀刃磨的注意事项

因为砂轮转速很高，所以操作时危险性大。又因其韧性较差，所以必须避免冲击。

总之，应尽可能地注意安全。

按下起动按钮后，迅速离开砂轮，观察 1~3min，检查其有无异常。如果砂轮破裂，碎片会飞出来；如果动平衡不好，机器会振动；如果端盖和台座有松动，机身会晃动。

确认没有异常情况后再进行刀具的修整。

台座和砂轮之间的间隔应小于 3mm，若间隔太大，类似切断刀之类的刀具会被卷到里面去。

刃磨时一定要放下玻璃防护罩，虽然有时玻璃脏了很难看清楚，但出于安全考虑，严禁在没有放下玻璃防护罩的情况下进行操作。

▲台座和砂轮的间隔保持在 3mm 之内

▲间隔过大很危险

▼必须放下玻璃防护罩再进行刃磨

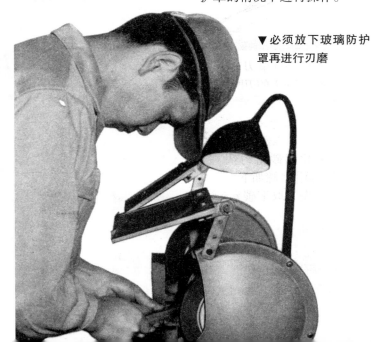

▲磨刀杆的主后部　　　　▲磨刀杆的副后部　　　　▲磨前角

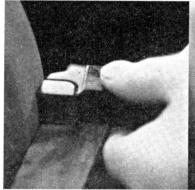

▲磨副后角

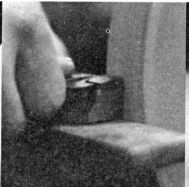

▲磨后角

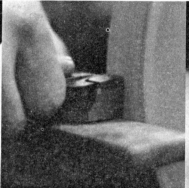

▲磨刀类圆弧半径完成加工

# 车刀的刃磨顺序

以硬质合金单刃车刀为例，下面介绍车刀的刃磨顺序。

刃磨硬质合金车刀时，使用GC砂轮。因砂粒很硬，硬度很低，所以磨损速度很快，比氧化铝砂轮约快2~3倍。因此操作步骤如下：

①首先，取下碳素钢刀杆的主后部、副后部，用氧化铝砂轮加工。

②取下刀杆后，刃磨硬质合金刀片部分。接下来用GC砂轮，首先在刀片上面刃磨出前角。

③接下来刃磨副后角。

④再接下来刃磨后角。

最后只需刃磨刀片的刃尖圆弧半径。对于高速钢车刀，刃磨流程大概就这些了。如果是小批量生产，即使对于硬质合金车刀的刃磨，这些步骤已经足矣。

然而，在条件允许的情况下，硬质合金车刀最好用金刚石砂轮刃磨。为此，需要金刚石砂轮磨床。但是实际上，除了大批大量生产的工厂以外，

几乎没有此类磨床。

金刚石砂轮的硬度和粒度不同于前两种砂轮，而且，轴的连接处不允许有双端面磨床那样的晃动。

到目前为止，用金刚石砂轮磨床加工硬质合金车刀与采用GC砂轮加工的顺序是一样的。先前角，后副后角，再后角，最后磨刀尖圆弧半径。另外，要在磨完前角之后刃磨出一个断屑槽。

硬质合金车刀硬度虽高，但是有个缺点，即很脆，因此须用金刚石手工打磨，且轻接触1~3次即可。

# 车刀的锻造

到此为止，本文介绍了日本工业标准规定的车刀的各种规格。但实际工作当中，并不是所有的产品都适合这种标准。

另外，如果自己想制作一个适合加工用的车刀的话，要找大块坯料进行加工，用砂轮机研磨，或在锻造台上锻造。除非是弹性车刀标准里没有的尺寸和弯曲成特殊形状的车刀，对一般车刀而言，除了锻造之外便没有其他办法了。

下面介绍锻造图 1 所示的车刀的步骤。

要锻造工件，就需要加热炉。当然，也有采用煤气燃烧器加热的。图 2 是小工厂经常配备的用砖砌成的炉子。也有些炉子是铸铁制的且可移动。

接下来需要锻造工具，图 3 是放在平台上的一整套工具。

准备好工具之后就可以加热了，实际上加热的温度很难判断。如果自己锻造，一般可根据火焰的颜色判断，请参照右侧表格。另一个判断标准是材料的加热温度和可锻造的最低温度。请务必遵守表格中的数值。

选用的毛坯是高速工具钢方棒料，可锻造温度大约为 100℃。用钳子夹住，放在锻造台上敲打。此时，需要计算锻件的伸缩量，用游标卡尺测量尺寸，测量时靠锻造台的边角可固定锻件。根据要锻造的形状，敲击面会有所不同，因此要弄清楚，见图 4。

敲击时锻件的温度也会随之下降，图 4 与图 5 中锻件的温度是不一样的。因为敲打之后的温度在 900℃ 以下，所以图 5 是第二次加热之前的情形。注意在低于最低温度时

敲打的话锻件肯定会出现裂缝，切记！

在正确地锻出平面、直角并达到了预期尺寸后，利用锻造台的面与棱角，先向上弯曲（图 6），接下来是在锻造台的犄角尖上像弹簧一样卷起来（图 7）。最终成品见图 8，图 9 为在油或水中冷却锻件。不熟悉操作方

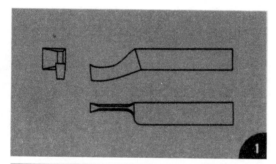

法时，可先不拘泥于尺寸，但应注意温度，不要出现裂缝。

淬火冷却之后，是众所周知的流程——回火。取出在油里冷却的锻件，直接在火上加热，直到表层附着的油燃烧了即可，然后在空气中缓慢冷却。最后就是打磨切削刀了。

以上是根据日立制作所中央研究所泉谷良次氏的资料所写的。

| 材料的锻造温度 | | | 火焰的颜色 | |
|---|---|---|---|---|
| 材料 | 最高温度 /℃ | 最低温度 /℃ | 加热温度 /℃ | 颜色 |
| 普通锻钢 | 1200 | 750 | 750 | 中度红色 |
| 弹簧钢 | 1200 | 850 | 850 | 全红色 |
| 高碳钢 | 1150 | 900 | 900 | 耀眼的红色 |
| 高速钢 | 1200 | 1000 | 1000 | 黄色 |
| | | | 1150~2000 | 黄白色 |

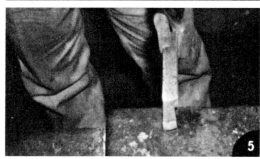

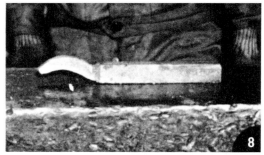

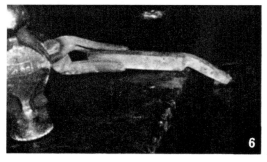

# 车刀的钎焊

经锻造过的车刀再钎焊上高速钢或硬质合金钢的刀片，对于高速钢还要进行淬火，之后才能成为完整的车刀。

钎焊的焊料有银、铜、黄铜、铁、铝、锡等。一般说到锡焊，大家都很清楚。

钎焊车刀经常用的焊料为银和铜，焊接硬质合金钢使用银焊料，对于高速钢则用铜焊料。

应根据不同熔融材料选择焊料，所以有必要详细了解。对于银焊料，普通熔融温度以450℃为分界线，低于此温度的叫做低温钎焊，高于此温度的叫做高温钎焊。但也有些厂家是以650℃为分界线的。因为硬质合金是烧结合金，所以低温钎焊会更好；采用铜焊的熔、融温度为1083℃；由于高速钢的淬火温度为1300℃，故钎焊高速钢时用铜焊料比较合适。

接下来以高速钢刀片为例，简单介绍钎焊的步骤。

a）对车刀进行锻造是必不可少的，即使用的是现成的材料，也要先把钎焊面弄平整。如果是高速钢刀片，焊接面也同样必须干净。

b）确保刀杆和刀片的结合面干净后，将刀片放在刀杆上，用喷嘴对其加热到约600℃。对容积大的刀杆应进行预热是为使硼砂流动更顺畅。

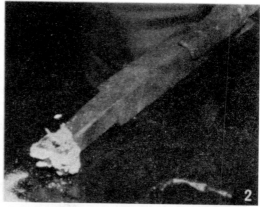

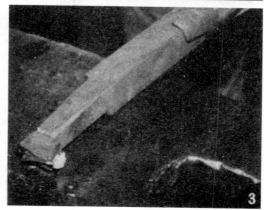

c) 加热刀杆之后去掉刀尖，在刀杆上洒硼砂（图1），并配以大小适当的铜焊料，在焊料上再洒好硼砂。硼砂加热后会流动，目的是为了除去被加热金属的氧化物。之后停止加热，使焊接表面形成一层湿润的液态膜，以便顺利进行钎焊。

d) 把刀片放在流动的硼砂上，用锤子的棱角从上面轻压使其结合。

e) 刀片与刀杆接触良好后，保证硼砂继续流动（图2），并再一次配以铜焊料（图3）。

f) 稳定好刀杆后，轻放在火焰上继续加

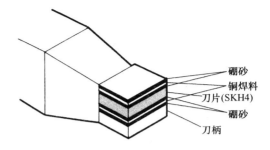

热（图4）。

g) 从使铜焊料熔化（1100℃），到高速钢淬火温度（1300℃），在很短的加热时间里，焊料会流动并旋转。

h) 铜焊料开始流动后，不动刀片把刀杆取出，在锻造台上用锤子的棱角从上面按压刀片（图5）。

i) 因为焊料在几秒钟内便会迅速凝固，所以要马上把刀杆放入油中淬火（图6），轻轻地反复搅动后，静置于油中。

最后回火处理，并确认钎焊的质量。

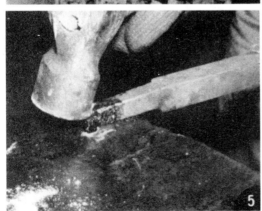

# 不是按角度而是按长度比例刃磨车刀

刃磨车刀是车工最基本的工作之一。所以无论哪家公司，在招纳新员工后，都会对他们进行培训。

我进入这个行业已是 30 年前的事了，那时没有人手把手教，起初师傅只会说"这样磨"，然后示范一遍，仅此而已。同一个步骤如果问了两次，师傅肯定会毫不留情地训斥我，甚至会动手。

过去的事情就不去计较了，但与其说当时的我太笨，不如说是因为规章制度太不完善了。时过多年，我现在站在教育年轻人的角度上也能理解了，然而，过去的种种在我身上也完全地继承了下来。

我把这种现象称之为"倒退现象"。而现在我决定从最基本的操作就采用正确的教学方式，虽然自己吃过那些苦头，但现在再碰到类似的事不会像我的师傅那样说他们"没毅力"。当然，必须直到新员工能正确掌握为止，因为这是作为老员工的义务，从一开始就应使全体成员都能正确掌握刃磨车刀的基本要领。

这样一来，新员工基本上都能正确刃磨车刀了，但过不了多久，又会出现问题，怎么办呢？

以第 6 页出现过的尖头车刀为例，下面进行讲解。我刚进入这个行业的时候，车刀的材料都是高速钢，即使是现在，因为最初的训练也是从刃磨高速钢车刀开始的，所以前提条件与以前相同。

现在刃磨的尖头车刀方法和以前相比，没有什么变化，如下图所示。

# 前面和切削刃的关系

## 直头车刀的前面

　　刀具前面不好刃磨，我废了很大力气，总之都没信心了。因为毛坯切得不好，所以要不断修磨，但刃磨前面时非常不顺利。起初我认为只要主切削刃接触到砂轮，就应该可以刃磨。但是，每磨一次，切削刃的刀尖就会相应的后退。刀尖后退的话，前面就会随之相应降低。

　　当年我学徒时不会刃磨，我怪自己太笨，现在的年轻人也同样遇到此类问题，但我不相信他们不够聪明，一定是没有掌握技巧。

　　言归正转，重新刃磨如下图所示。

　　刀类后退、变低时，前面也必须要相应跟着变化，但往往不会那么理想。这样一来，前角就不可能正确，前面的曲线太小，切屑就不能顺利排出。当然，硬质合金车刀没有此类情况。

　　当时我没能顺利磨出前面，最后干脆就不用新的前面，只用光秃秃的直头车刀一点一点地车，当时的组长看了一拳就打过来了，一边喊着"这样做"，一边把前面磨大了。

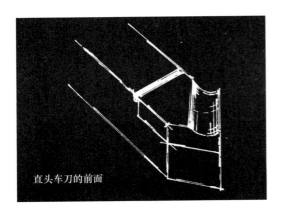

直头车刀的前面

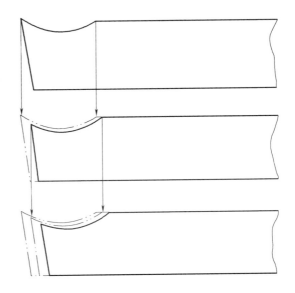

▲主切削刃下降后前面也会改变

前面的加工余量很大，具体刃磨多少不好确定。以前的难题，现在的新员工也碰到了，下面重新讲解一次。

## 手工刃磨车刀的三要素

到现在为止，大部分依然采用手工方法刃磨车刀。当然，硬质合金车刀最好用金刚石磨床磨出一个正确的角度。但在中小规模的加工厂里，现在全都在双端面磨床上安装GC砂轮并靠手工打磨，所以，掌握高速钢车刀的刃磨方法还是很有必要的。

对于车刀刃磨的练习顺序，我把单刃车刀的刃磨方法放在第一位。因为单刃车刀的余偏角是0°，主切削刃与刀杆平行，容易找基准。并采用整体式车刀中的4分车刀。

对于手工刃磨车刀，有三个要素
① 手持方法。
② 接触方法。
③ 着眼位置。

下面按上述三要素的顺序讲解。

（1）手持方法　刃磨车刀时，到底选用右手，还是左手持刀，应根据刃磨部位的不同灵活处理。不管用哪只手，手持方法都是一样的。这里也有三个基准：

1）拿车刀时，手指甲充血的颜色不变。

2）握住车刀，不能松脱。

3）如果握车刀时碰到其他东西，握车刀的手要尽量向前滑。

（2）接触方法　掌握手持车刀方法后，接下来介绍接触方法。这里指的是车刀与砂轮的接触方法。

与59页的刃磨方法不同，这次先磨后角，一般后角为5°~7°。现在出版的书中，也有介绍主后角为0°的。但具体怎样才能磨成目标角度，均没有介绍。这是不负责任的，因为对于刃磨后，不可能挨个都用游标万能角度尺测量，并且事实上任何一个工厂都不是这样做的。

其实，角度具体为多少，靠目测很难判断。但长度、或比例之类则比较容易确定。如右图a所示，把车刀与砂轮接触，图中的比例为10：1，对于主后面，则变为9：1。如此一来，主后角大约就稳定在5°~7°了。

按上述方法接触，然后把车刀向着砂轮迅速移动1~2mm。也有人让刀片全面接触砂轮上，但应视不同的磨床机构而定，总之能够移动即可。关于散热问题，即使移动得很多，散热也是一样的。然后把主切削刃沿直线移动，但不宜长时间的连续运动，短而快的移动效果会比较好。

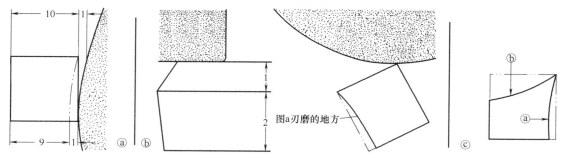

**▲副后角和前角的刃磨方法**

### ●副后角

例如钓鱼，即使自己没摸过鱼竿，也肯定看别人钓过。钓鱼时，一旦浮子颤动，就马上把鱼竿提起来，这是钓鱼一瞬间的要领。如果从肩膀到手腕全部用力，反而会适得其反。向专业人士请教，他们说鱼上钩时，手必须一下子紧握住鱼竿。如果握得不紧，身体移动的范围就非常小，不能很快反应。由于鱼竿很长，所以只须手紧紧地握一下，鱼竿的前端就会跳起来。

和钓鱼的道理一样，按前文所述方法拿着车刀，当副后角触到砂轮时，一下子握紧，然后接触，便会磨出 6°~8° 的角度。稍微握紧一下，并保持这个姿势，放在副后角位置就可以了。

### ●前角

磨前角时也按长度的比例确定角度。如上图 b，从上向下看，刀杆的侧面与上表面的宽度之比看上去约为 2：1，以这样的角度靠近砂轮即可。

按此方法按下车刀，就可以得到与砂轮的外缘曲面相同的曲面，这个曲面可以构成前角。当然，可根据前角的不同适当改变比例。总之，与通过用工具测量角度相比，通过判断不同长度比例的方法更容易掌握，正确率也较高。

之后，对于前面与砂轮外缘刃磨得到为曲面而非平面问题，可用手动磨石作近一步研磨。但遗憾的是，实际上并非那么简单，在磨石上研磨的话，刀尖会变成锯齿状，所以必须去掉锯齿才能成为理想的车刀。

如下图，把磨石砂轮由上向下接触前面时，只能接触头尾两段，只需把整个曲面均磨平，便可得到完美的车刀了。

所以，要想将前面磨平，虽然可用磨石手动研磨，但因接触面过大，效果并不理想。相反，先在砂轮上磨成曲面，再把两段稍微磨一下反而会简单得多。

(3) 着眼位置

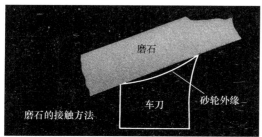

磨石的接触方法

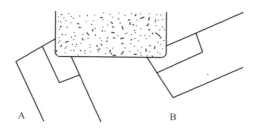

▲加工前面的两种方法

▲采用 A 方法磨出的前面

当车刀与砂轮接触时，手中的车刀必须对着砂轮按住而不能跑动。

比如，磨前面时，刀杆的侧面会向一边倾斜。只需按住倾斜面的中心就可以了，但若只用一根手指按，手指会滑动。所以，可用拇指和食指压住稍大一点的面积，使砂轮接触面的中心与车刀的中心对准。

谈到这，着眼位置就成了问题。无论是最初的 10∶1，还是后来突然握紧车刀的时候，或是前面的 2∶1，如果不确定眼睛的观察点，上述比例便不是唯一的。

原则上讲，是从与砂轮中心的水平线成直角的上方位置开始。砂轮外缘最外面的地方，如果把车刀接触砂轮的话，这个就会消失。但是如果眼睛的观察点不动，接下来就能看到切削刃与砂轮面的接触，按住车刀压到一定程度就可以了。

## 直头车刀的前面与砂轮的接触位置

如果是直头车刀，因为有余偏角，所以砂轮的外缘不能有棱角。如果必须要使用砂轮的棱角，用上图中哪个方法好呢？该图是在通过砂轮中心的水平线的位置磨切断刀的简图。采用 B 方法时，主切削刀自然会沿着砂轮外缘的曲面磨削，所以前面会出现曲线。因此必须抓紧车刀，通过不断上下移动车刀来消除曲线。

采用 A 的方法时，磨出的切刀前面是平面，如右图所示。当然，因为不会使用全部主切削刃，所以实际上刃磨时不会有障碍。

## 砂轮机的工作台

无论在哪，从安全上讲，磨削时都是用砂轮机工作台来支撑。另外砂轮与工作台的间隙应控制在 3mm 以内。

加工时发生的事故，一般与工作台有关。我所在的工厂发生过的事故，大部分是人为原因导致的。通常是因为把砂布放在一边时，薄薄的砂布被工作台和砂轮之间的缝隙卷进去后造成的。

而且，工作台也会成为障碍，例如不能顺利地刃磨小车刀——用来钻孔的安装在刀夹上的 1~2cm 长的车刀。

把工作台去掉反而更安全。此外，用砂轮的边缘磨尖头车刀的前面时，若采用 B 方法，车刀受工作台的限制不能上下移动。

当然，具体是否应去掉工作台，争论也很多。

# 钻头大全

　　钻头有很多种，通常提到的钻头指的是麻花钻，麻花即扭曲之意。本书中的麻花钻则指钻头。

　　在车床、铣床等切削机床中，有30%以上是借助钻头进行钻孔的。使用钻头钻孔时，必须根据工件材料、工件形状来选择钻头的形状以及钻尖的形状，除此之外，还要考虑各种切削条件。

# 钻头各部位的名称

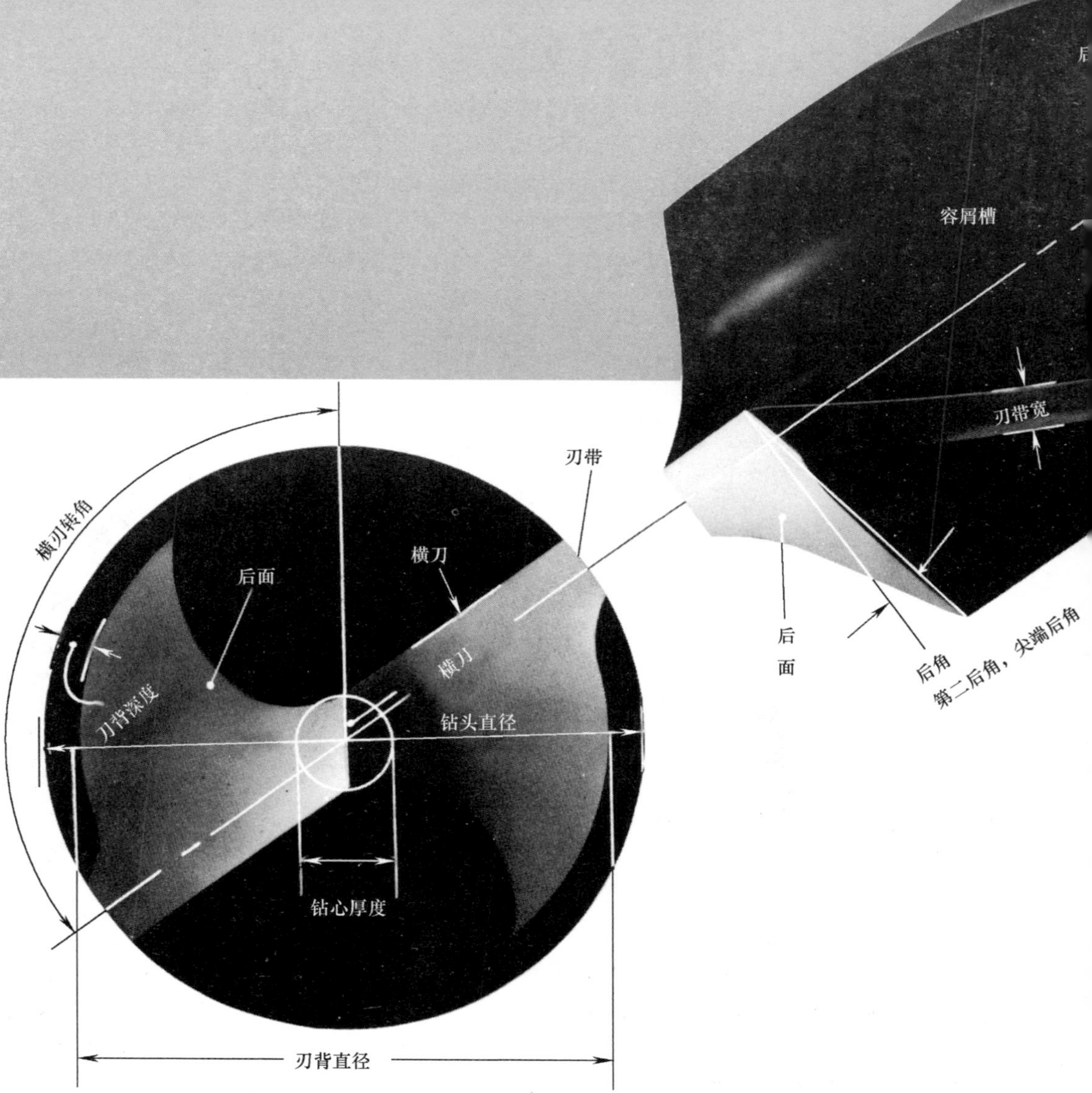

横刃转角

后面

刀背深度

横刀

横刀

后面

钻头直径

钻心厚度

刃带

容屑槽

刃带宽

后面

后角

第二后角，尖端后角

刃背直径

钻头通常指麻花钻，广泛用于一般的钻孔作业。在此，标出麻花钻的各部位名称并作简单的说明。

● 容屑槽是在钻体上开出的沟槽，用于排出切屑和便于切削液流入切削区。钻体的前端是切削刃。

● 钻芯也叫做 web，其功能是保持钻头的刚性。

● 刃带是刃背接触不到的钻头部分（也指的是钻体的容屑槽的外围部分），钻孔时作为钻的导向部位。它的宽度指的是垂直于刃带导向刃所测量的宽度。

● 刃背直径小于麻花钻的直径，对应的面积小于钻出的孔的面积。

● 钻头的棱指的是容屑槽的端面与后面相交的线。

● 倒椎指的是钻头直径前端部所规定的锥度，随着柄部的延伸，倒椎的角度会逐渐缩小，它的主要功能是预防麻花钻和孔壁摩擦，防止加工面受损。

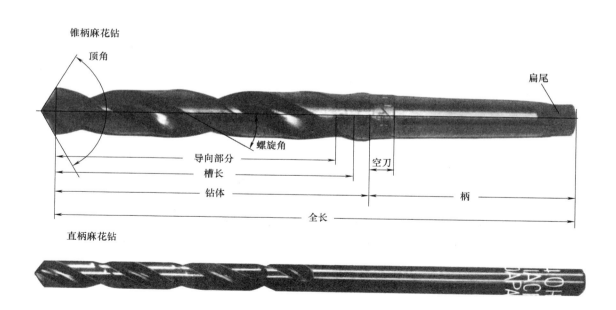

锥柄麻花钻

顶角

扁尾

螺旋角

导向部分

槽长

空刀

钻体

柄

全长

直柄麻花钻

钻头直径无法大小兼容，应根据孔的直径和深度选择相应的钻头。那么，钻头一般为多长多粗呢？

根据日本工业标准，小直径钻头指的是直径在0.2mm以上的钻头，但实际上存在φ0.04mm的钻头。日本工业标准规定钻头的最大直径为75mm，但有些大型公司使用特制的超过φ75mm的钻头。

直径大的钻头通常采用锥柄，因为钻直径大的孔时，直柄的夹紧力太小。根据日本工业标准，直柄钻头的直径范围为2～13mm，2～75mm以上属于锥柄钻头。

对于钻头的长度，日本工业标准规定直径越大钻头的总长越长。比如：莫氏锥柄钻头的直径为5mm，长为140mm；直径为50mm，长为390mm等。

然而，不能泛泛地认为直径越大钻头的总长就一定越长。另外，钻头的容屑槽长度也不完全相同。

莫氏锥柄的钻头直径随着莫氏锥度的不同而有所不同。直径小于14mm的叫做MT.1，介于14～23mm的叫做MT.2，介于23～32mm的叫做MT.3，介于32～50mm的叫做MT.4，大于50mm的叫做MT.5。

# 长短和粗细

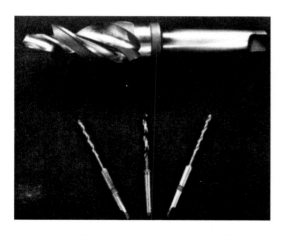

▲同样用于钻孔，钻头大小却有很大差别。图中直径较大的钻头是种特殊钻头，称为"阶梯钻"

▲大型公司的钻头箱。其中有个非常大的钻头，请与左图的钻头进行比较，其直径达到了95mm

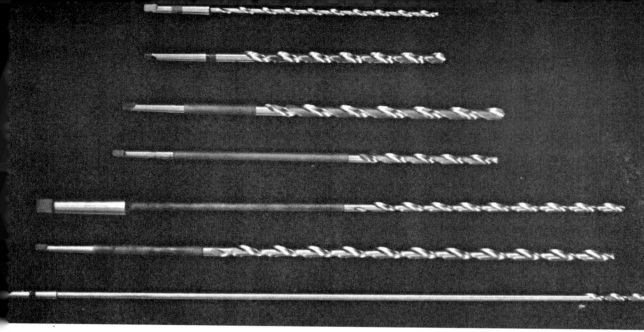

▲即使钻头的直径相同，容屑槽的长度也不一定相同

根据孔的深度和加工条件的不同，容屑槽的长度与柄的比例也有所不同。

另外，日本工业标准没有规定柄的长度，柄的形状也是多种多样的。

▲φ95mm 的钻头在钻孔。与图中工人的腿比较一下，就能看出钻头的大小了吧，工件材料为铸钢

▲图为用小直径钻头钻孔。用手指比较孔的大小。工人一边用（安装在右边台座上的）放大镜观察切削状况一边钻孔

# 中心钻

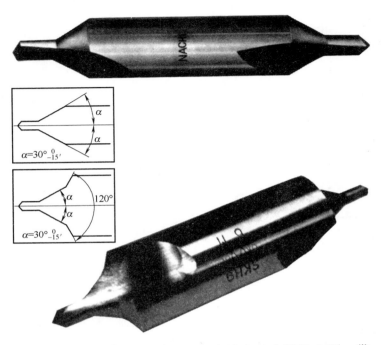

▲上为日本工业标准 1 型，用来钻 60° 的中心孔；下 为日本工业标准 2 型，带有 120° 的护锥

▲▶与车刀组合，下图为同时加工端面和中心孔的中心钻。因此，为了和车刀紧贴，钻体的一部分保持平整

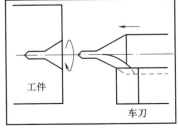

用车床加工时，通常是固定轴类工件，车削其外圆。此时，轴的另一端用尾座支承（小型工件不需要使用尾座）。中心钻的作用就是钻孔使得尾座能固定工件并定位。

这个中心钻的顶角为 60°，与尾座的中心孔角度相同。按照日本工业标准，中心钻分为 1 型和 2 型，2 型带有保护中心孔不受损伤的护锥，护锥与中心钻同时工作。

一般中心孔的圆锥面为 60°，也有较大的中心孔为 75° 和 90°。

中心钻替代锪钻头而使用时，经常会出现受损现象，此时应停止使用中心钻。

▲轴端面的中心孔，上孔为 60°，下孔为 90°

# 小直径钻头

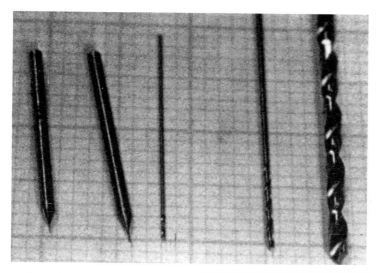

▲摆放在 1mm 方格纸上的钻头。请对方格纸的刻度与钻头的钻尖进行比较。最左边是直径为 0.08mm 的钻头，右数第二个是直径为 0.5mm 的钻头

▶φ0.08mm 的小直径钻头的钻尖放大图，果然和普通钻头一样有螺旋槽

▶φ0.3mm 的钻头及其切屑，试与方格纸的刻度进行比较

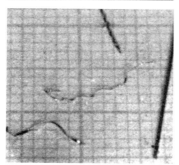

在实际加工中，经常会钻一些直径在 1mm 以下的孔。特别是目前电子产品日益增多，钻小孔的需求也大大增加了。此时就要用到小直径钻头。

日本工业标准规定，小直径钻头的直径范围在 0.2~2mm，但实际上也有 φ0.04mm 的钻头。同时规定，使用直径在 1mm 以下的直柄钻头时，刃背直径必须小于直柄的直径。

▲磨削钻尖使用的磨石，手工刃磨并使用显微镜观察钻尖

用手拿着不便观察，通常是将其插入粘土中用放大镜观察

# 枪钻

用麻花钻加工孔，一般广泛应用于钻孔加工。然而，在加工深孔时，因为前端弯曲，切削液无法到达钻头头部，而且切屑很难排出。

因此，加工深孔尤其是孔径很小（$\phi 5 \sim \phi 60mm$）的孔时，通常采用枪钻。枪钻被发明之初常用来加工枪管，由此产生了枪钻这一名称。

枪钻分为刀头、钻杆、钻柄三个部分。

刀头基本都是硬质合金

钎焊而成，外加一片刀片。

钻杆上有个月牙形孔，该孔与刀头的油孔相连，使

▲图为正在用枪钻钻孔，借

切削液能够到达切削区。另外，切削液和切屑一起通过钻杆外侧的 V 形槽（大部分约为110°）输送到外部。为此，须有用高压输送大量切削液的装置。

助长软管把切削液输送到顶端的切削区。

枪钻钻出的孔和铰刀铰出的孔一样，精度很高。通常枪钻用于深孔加工，但由于枪钻加工效率高，精度也高，故最近也常用于浅孔加工

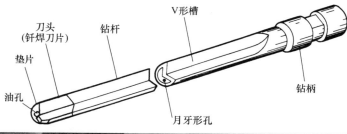

刀头
（钎焊刀片）　钻杆　V形槽

垫片

油孔

月牙形孔

钻柄

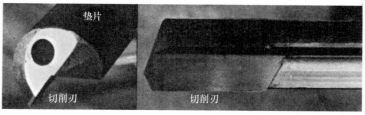

垫片

切削刃　　　　切削刃

▲刀头为钎焊的刀片，由于外圆包覆着一层垫片承受了切削力，所以孔基本不会钻偏，并且用来排出切屑的 V

形槽也较大。没有像麻花钻一样的横刃，钻头可沿着被钻出的孔，自动引导切削

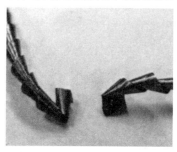

▲某枪钻排出的切屑。从前端刀头排出了两条切屑，切屑形状未发生变化

# BTA 刀具

大直径的深孔加工通常采用 BTA 系统。BTA 是 Boring and Trepaning Association 的简称，BTA 刀具是由该协会开发的深孔加工方式。BTA 刀具主要是在工件和刀具之间输入大量的已转化成高压气体的切削液，然后沿着刃部和刀具把切屑和切削液从后方排出。

这种方式如图所示主要有整体式、套料式、副轴式三种。

整体式主要用来钻 φ6～φ100mm 的孔，套料式主要用来钻 φ60mm 以上的孔。套料式的头部为空心圆柱体（图2），位于孔内的工件没有被切掉而保留了下来，与整体式相比仅仅是切屑体积变小了。另外，图3的副轴式，如同扩孔钻，常用于把已钻好的孔径扩大或者使加工面更加光滑。

上述钻头的刀头和切削刃都是由硬质合金制成的，常用于特殊的深孔加工机械，或是在改造车床上使用。

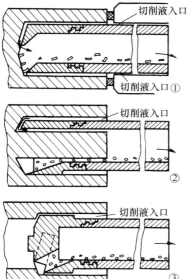

切削液入口
切削液入口①
①

切削液入口
②

切削液入口
③

▲BTA 的三种方式

▲整体式 BTA 刀具

## 加工大直径孔的钻头

◀在转塔车床上安装刻纹头，不采用通过高压输入切削液的 BTA 方式，而是旋转工件材料，进而加工出所需的深孔。

▶用于加工大直径孔的钻头。在棒上装上钻头，然后再安装到摇臂钻床上使用。市面上出售的钻头直径有些高达 125mm。

根据所需孔的形状、工件材料以及为了寻求高效率等，而制造的各种钻尖形状、钻柄形状的钻头。在麻花钻中有如下各种特殊钻头。

# 各种特殊钻头

## ■扩孔钻

　　扩孔钻用于扩大铸件的孔或螺纹孔，有三条或三条以上切削刃。切削刃增多之后很难附带横刃，就会钻不到中心，即可达到只扩大孔径的目的。容屑槽的数量与切削刃数量相符，有的在三条以上，图中为四条容屑槽。扩孔钻也常用于精铰孔前的粗加工。

## ■钻铰刀

　　钻铰刀是将钻孔和铰孔组合在一起从而实现连续加工的刀具。为了满足铰孔的加工余量，钻头直径要小一些。此外，钻头和丝锥合成一种工具后，也成为能进行各种钻孔作业的复合钻头。

## ■阶梯钻

　　阶梯钻的刃带上有阶梯，能同时加工同一根轴上两个以上直径不同的孔。有带角度的阶梯和平滑的阶梯。为了使小直径段和大直径段的切屑能从同一容削槽内排出，经过刃磨的小直径段的边缘长度会缩短，刀具寿命也就相应缩短了。有三刃、四刃阶梯钻。

## ■双槽阶梯钻

　　与阶梯钻相同，有两段或三段阶梯，可同时加工不同直径的孔。由于不同直径段对应有专用的刃带，经过刃磨会改变小直径段的长度。切削刃的寿命比阶梯钻长，也更容易刃磨。同样，也有双刃、三刃双槽阶梯钻。

## ■锥形锪钻

　　锪钻用于磨孔边，其种类多样，不仅可以倒角，对于浅孔还可以同时钻孔和倒角，是中心钻的一种。钻柄除了锥柄和直柄外，还有供专用机器使用的特殊钻柄。

### ■坐标镗床用钻头

这种钻头与普通钻床使用的钻头钻柄不同，钻柄的直径比钻头的直径要大，钻出的孔精度很高。而且，钻柄的尾部还带有拉紧螺纹。钻尖部分与普通麻花钻相同，且钻尖能够变换。

### ■棘轮钻头

铺设铁轨时通常会用靠人力旋转的棘轮钻头来钻螺栓孔。旋转装置通过棘轮传递而断续地工作。棘轮钻头是添加了钴元素的高速钢钻头，与普通的钻头相比，钻芯厚很多，螺旋角较小，顶角较大。其钻柄为四角锥形。

### ■套式扩孔钻

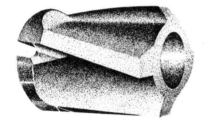

套式扩孔钻可以调整钻头的直径，可为制造大直径的钻头节约成本，钻的切削部分和钻柄可以分开，可重新组合使用。套式扩孔钻和套式立铣刀的形状相同，但螺旋角更大一些。

### ■三角钻

三角钻常用于携带式的电钻，因为柄部倒了三个角，所以能够夹紧。

### ■带油孔深孔钻

为了使切削液能输送到切削区，在钻杆内部增加了一个油孔，故称做带油孔深孔钻，主要用于深孔加工。在钻尖后面有一个孔，切削液可从该孔流出。与车床上的钻孔加工一样，主要用于工件旋转而钻头静止的场合，但如果配以特殊钻夹头，也可以实现钻头旋转的钻孔作业。

# 钻尖的角度及作用

## ●前角的作用

钻头通过将两条切削刃嵌入工件中实现钻孔，钻孔时钻头或工件旋转，钻头进入工件，并靠切削刃钻削。此时起主要作用的是前角。与车刀的前角相比，钻头的前角具有多元性，又较复杂，所以一般笼统地把钻头的螺旋角当做前角。

即使钻头只有一个前角，也具备横刃，越接近外缘前角越大。而后角刚好相反，即越接近外缘后角越小。

越接近外缘切削刃的切削速度越快，但是在钻头的中心点是相对静止的。静止的中心点是引起振动的原因，同时横刃越大，无法切削的面积也就越大。因此，可通过修磨横刃使横刃长度变小，降低振动。但如果横刃过小，钻头就会不稳定，所以不能把横刃磨光。

同理，越接近切削速度较快的外缘，切削刃的磨损也越快，因此必须进行刃磨。

▲越接近外缘前角越大

## ●顶角的作用

顶角是由两条切削刃构成的角，通常为118°。118°并不是由理论计算得出的，而是一个经验值。虽然118°是标准角度，但实际加工中，经常根据工件材料改变顶角大小。

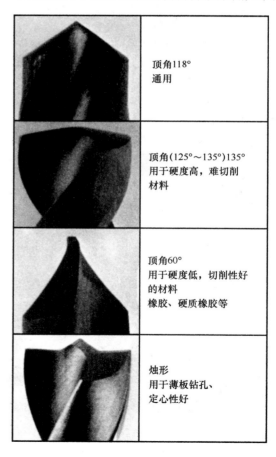

| | |
|---|---|
| | 顶角118°<br>通用 |
| | 顶角(125°~135°)135°<br>用于硬度高，难切削材料 |
| | 顶角60°<br>用于硬度低，切削性好的材料<br>橡胶、硬质橡胶等 |
| | 烛形<br>用于薄板钻孔、定心性好 |

▲不同的顶角大小

铸铁、钢、黄铜、硬质合金、合金钢等工件常采用118°顶角；硬度低、切削性好的酚醛塑料、硬质橡胶等常选用60°～80°顶角。此外，硬度更高的工件材料采用125°～135°角。

● 后角的作用

钻头的钻尖带有后角，其角度叫做钻尖后角或切削刃后角。后角是为了防止钻孔时，钻尖后面会磨损已加工面。工件材料不同，后角也不同，材料硬，后角小；材料软，后角大。后角越大，切削刃越锋利，但刚性会变差。

● 螺旋角的作用

钻体侧面的容屑槽，其作用是将切屑排出并将切削液输送到切削区。为了使容屑槽的刃背保持光滑，可用刀具对容屑槽进行刃磨。容屑槽与切削刃的数量相同，比如扩孔钻有三条切削刃对应有三个容屑槽，四条切削刃就有四个容屑槽。

容屑槽旁刃带上某点的切线与轴线的夹角叫做螺旋角。工件材料不同，螺旋角也随之变化。但是螺旋角与顶角、后角不同，不是由工人随意磨出的，而是钻头生产时由厂商规定的，所以工人只能根据工件材料选择螺旋角。

● 刃带的作用

刃带是两个刃背之间的部分，为钻体的最外端。两条刃带间的横向尺寸表示钻头的标准尺寸（钻头直径）。

由于刃带既要接触工件内壁，又要引导钻头，所以刃带宽度越宽越好。但是宽度太大会增大两者之间的摩擦而导致钻头磨损过快。为此，要安装铲背。

然而，加工对孔精度和加工表面都有特殊要求的工件时，通常会采用刃带宽度是普通钻头四倍的双刃带钻头。

● 倒锥的作用

钻头直径从外转角到柄部越来越小。钻孔时钻头摩擦孔壁，孔逐渐增大。倒锥是为了防止钻孔时，刃带总与孔壁摩擦导致切削热增大。因此，钻头的工作部分直径并不相等，空刀处标注了钻头直径。当然，直径在φ1mm以下的钻头没有倒椎。

▲螺旋角（上：较大，中：标准，下：较小）

▲双刃带钻头

# 工件材料和钻头形状的关系

| | 螺旋角 | 槽宽比 | 钻芯 | 选 择 标 准 | 切削条件 | 送给量/(mm/r) | | | |
|---|---|---|---|---|---|---|---|---|---|
| | | | | | 钻头直径/mm | 2 | 5 | 8 | 12 |
| 标准钻头 | 标准（22°~30°） | 标准 | 标准 | 钢、铸钢、合金钢、铸铁、可锻铸铁等材料的钻孔加工。此外，也可用于不锈钢、奥氏体钢、加工黄铜、铸造铝合金、镍等几乎所有材料的钻孔加工 | 铜 | 0.03 | 0.08 | 0.14 | 0.18 |
| | | | | | 铸铁 | 0.03 | 0.08 | 0.12 | 0.16 |
| | | | | | 硬钢、合金钢 | 0.02 | 0.04 | 0.08 | 0.12 |
| 大螺旋角钻头 | 大（34°~40°） | 大 | 小 | 铝、压铸合金、镁、锌、铜等非铁金属的钻孔、深孔加工。此外，也适用于切削性能好的不锈钢的钻孔、深孔加工 | 铝 | 0.04 | 0.10 | 0.12 | 0.16 |
| | | | | | 镁 | 0.03 | 0.08 | 0.12 | 0.16 |
| | | | | | 不锈钢（切削性能好的材料） | 0.02 | 0.06 | 0.10 | 0.14 |
| 小螺旋角钻头 | 小（17°~23°） | 大 | 小 | 酚醛塑料、成形塑料、硬质纸板、硬质橡胶等的钻孔加工，以及软质黄铜、镁的浅孔加工 | 酚醛塑料、硬质橡胶 | 0.02 | 0.06 | 0.10 | 0.14 |
| | | | | | 硬质纸板、镁（浅孔加工） | 0.04 | 0.10 | 0.16 | 0.18 |
| | | | | | 黄铜 | 0.04 | 0.10 | 0.12 | 0.16 |

为了提高钻头的钻孔效率，必须考虑钻头的螺旋角、刃尖形状、切削条件、机床等各种因素。下表是其中的一个标准，根据加工条件不同，标准会有所变化，请参考横刃刃磨情况和刃尖形状而定。

| 转速/(r/min) | | | | 钻尖刃磨 | | 横刃刃磨 | 切削液 |
|---|---|---|---|---|---|---|---|
| 2 | 5 | 8 | 12 | 钻锥角 | 后角 | | |
| 3200 | 1600 | 1000 | 750 | 118° | 10°～15° | | 水溶性油 |
| 1800 | 1000 | 700 | 500 | 118° | 10°～15° | | 干式、空气喷射式或大量的水溶性油 |
| 1600 | 950 | 700 | 500 | 130° | 8°～10° | | 硫化油 |
| 8000 | 450 | 3200 | 2000 | 130° | 10°～15° | | 水溶性油、中性油 |
| 8000 | 5000 | 3600 | 2600 | 130° | 15°～20° | | 矿物油 |
| 1600 | 800 | 500 | 315 | 130° | 15°～20° | | 硫化油 |
| 4800 | 2800 | 2000 | 1300 | 80° | 15°～20° | | 干式或空气喷射式 |
| 8000 | 5000 | 3600 | 2600 | 80° | 15°～20° | | 矿物油 |
| 8000 | 4500 | 3200 | 2000 | 118° | 10°～15° | | 干式或矿物油 |

# 各种钻尖形状

一般情况下，钻头的顶角都是 118°，但是根据不同的工件材料和形状，采用的钻尖形状也不同，刀具寿命也不相同。

此外，加工时除了顶角外，钻尖形状也有所变化。

以下是钻孔时，各顶角角度以及各种钻尖形状。

▶标准型钻尖：使用范围最广，顶角一般为 118°

▶螺旋型钻尖：钻尖的横刃是凸起的，定心较好

▶分裂型钻尖：钻尖采取两个阶梯分别磨削，耐磨性好，适合铸铁等材料的钻孔加工

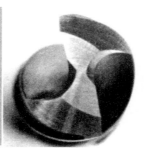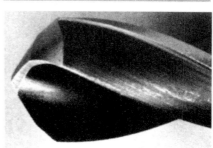

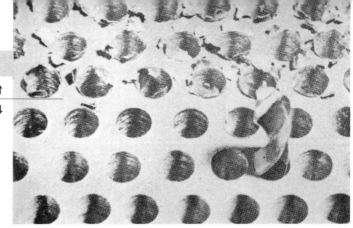

▶标准钻头与摇臂钻床用钻头加工通孔对比。从右图可清晰地看出，采用摇臂钻床加工通孔时，是如何使孔端加工得如此完美的。

◀摇臂式钻尖：去掉钻尖外部的角。这样耐磨性增强，钻头寿命增加，适合铸铁等工件的钻孔加工。此外，钻通孔时，退钻排屑次数少，孔壁较光滑

◀鱼尾式钻尖：如名称所言，钻尖的形状就像鱼尾，适合钢板的钻孔加工。使用这种钻头时需要导向管

◀烛式钻尖：虽然与分裂型钻尖相同，采用双阶梯磨削，因为锥面是凹陷的，钻尖较锋利，适合钢板钻孔加工

**85**

# 钻头的刃磨方法

为了使钻头的切削性能更好，使用一段时间后必须重新刃磨钻头的钻尖。当然，功能与车刀的前角相当的螺旋角已由制造商在出厂时规定。因此，钻头刃磨对象主要是钻头的顶角、后角、横刃和容屑槽等部位。

对钻头刃磨，要求工人熟练掌握，加工过程中需要集中刃磨的地方不断增加，因此钻头刃磨是工人必须掌握的重要技能。

▲钻头的刃磨，分为机械刃磨和手工刃磨。机械刃磨指的是用钻头磨床进行刃磨。与手工刃磨相比，磨床磨出的切削刃容易左右对称，而且同时使用多个钻头加工相同形状的孔时，标准偏差会较小。据说，某厂自采用机械刃磨代替手工刃磨后，钻头寿命延长了五倍。

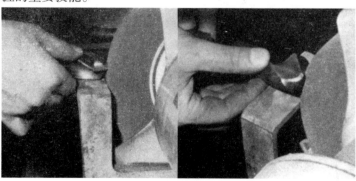

▲手工刃磨时，为了避免钻头晃动，要牢牢握住钻头。边慢慢地旋转，边让钻尖轻轻地接触砂轮。如果用力过大，钻尖部分产生高温，会导致磨削烧伤。图为正在刃磨后面。

▲正在刃磨横刃。横刃刃磨和容屑槽一样，要利用砂轮的边角进行磨削。当然，也有专门用于刃磨横刃的磨床。应特别注意的是横刃刃磨后一定要左右对称。如果不对称，钻孔时会产生振动导致孔偏大，或成椭圆形。

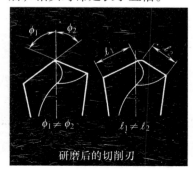

研磨后的切削刃

# 顶角的测量

钻头刃磨后，必须测量其左右的切削刃长度，顶角是否对称。目测检测方法较简单，但目测受人为影响较大，且要求工人操作必须非常熟练。因此，人们制造了各种测量工具。

▼目测必须非常熟练

▼最简单的方法，是把带有标准角度的工具与钻头的切削刃及边缘重合，观察其缝隙大小，以此判断刃磨质量

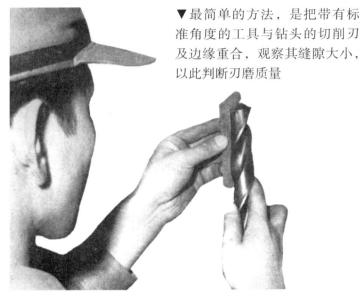

▲图为切削刃检测器。把钻头放在 V 形槽中，透过对面镶嵌了透镜的孔观察钻头与 V 形槽的接触情况

▲镶嵌了显微镜的钻尖检测器，用于检查钻芯和横刃的偏差

# 从切屑形状判断顶角的好坏

▲左右对称的钻头排出两条相同的切屑

因钻头两条切削刃（也有三条切削刃以上的钻头）同时切削，所以要求这两条切削刃必须完全左右对称。这是对钻头的基本要求。

如果切削刃左右对称，就会从两条容屑槽中排出两条完全相同的切屑，故而是左右对称的钻头。

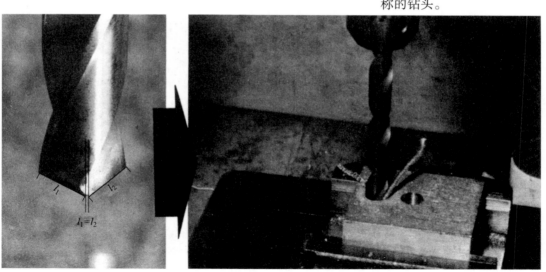

▲左右切削刃长度不同，钻头会振动，钻出的孔偏大，同时排出的两条切屑长度和粗细不同，一束长，一束很短

切削刃左右不对称会钻出椭圆形孔，钻头不仅会振动无法钻出合格孔，而且在断续切削过程中还会发出喀哒声，甚至会损坏钻头。当然，孔的精度也会受到影响不附合要求。

▲同一把钻头不允许钻出如图所示的两束不同的切屑

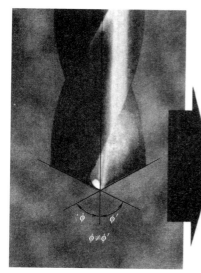

▲左右的顶角不等…

图中钻头左右的顶角不等，只有一边条切削刃在切

削，另一条在空切，所以只产生一条切屑。当然，与左右切削刃对称的钻头相比，

这种钻头因振动而钻出的孔径过大

# 横刃刃磨

钻头旋转时会产生切削力，即切削转矩和进给力（背向力相互抵消）。在实际加工中（图1），进给力和横刃宽度都较大。

如果将横刃产生的进给力减小，钻孔加工的效率就会提高，因此，最好减小钻芯直径。但如此一来，钻芯减小后钻头的强度会随之下降。

因此，只需稍微磨掉横刃处的钻芯使其减小一些即可，此过程称为横刃刃磨。

刃磨横刃后再进行钻孔加工（图2），进给力明显减小。

横刃刃磨有助于延长钻头寿命，同时要注意保持切削刃左右对称，如果不对称会出现径向圆跳动，钻出的孔直径过大。

刃磨横刃后的形状各种各样，应根据材料和孔的种类来确定横刃的形状。

比较横刃刃磨前后不同材料的进给力，对比结果如图3所示。横刃刃磨后，加工软铜和铜会减小大约50%的进给力，非铁金属比钢的效果差一些，效果最好的是钢的钻孔加工。

▲S形：由于横刃刃磨简单，是经常被采用的标准横刃刃磨

▲N形：用于钻芯相对较薄时，可保持钻尖强度，顺利排出切屑

▲NS形：由N形演变而成，适用于深孔加工

90

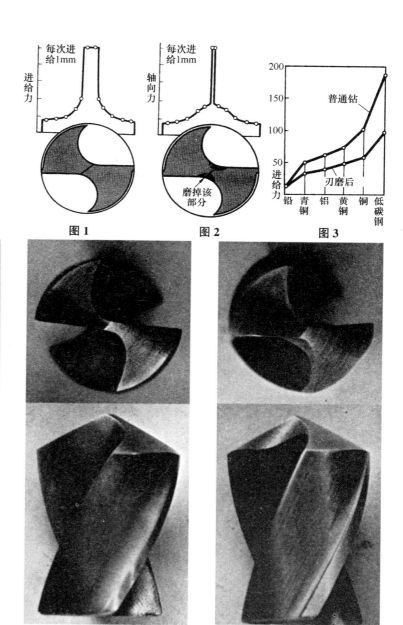

每次进给1mm

进给力

图1

每次进给1mm

轴向力

磨掉该
部分

图2

200

150

100

50

进给力

普通钻

刃磨后

铅 青铜 铝 黄铜 铜 低碳钢

图3

▲X形：也叫做曲轴形横刃刃磨，适用于切削性较差的材料以及深孔加工

▲W形：钻芯直径大的钻头，为了使钻芯符合标准而制造的形状，适用于深孔加工

▲钢轨形：主要用于钢轨的钻孔加工以及强力钻削

和车刀等刀具一样，钻头也存在怎样处理切屑的问题。因此，类似车刀一样，钻头也有断屑槽。特别对于深孔加工，断屑槽起着至关重要的作用。

断屑槽有不同类型，两个左右的断屑槽组合在一起使用效果会更好。比如说，在减小前角的钻头上增加分屑槽。

不仅要配备断屑槽，横刃刃磨时也需要对断屑槽磨削熟练掌握。因此，市场上出售一些带有断屑槽的钻头，修磨时只需磨切削刃就可以了。

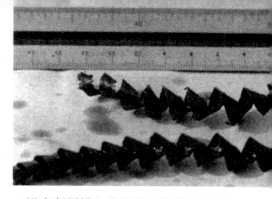

▲没有断屑槽和分屑槽的钻头钻孔时生成的切屑

# 断屑槽和分屑槽

▶断屑槽：钻头的前面设有凸起，可碾碎、折断钻孔时生成的切屑。带油孔的钻头也带有这种断屑槽

▶断屑槽：前面和后面的容屑槽内设有凸起，缩小了容屑槽的曲率半径，可折断切屑

▶分屑槽：切削刃开有切口，将切屑分割成 2~3 条细长的窄切屑排出。适用于易冷却硬化的材料

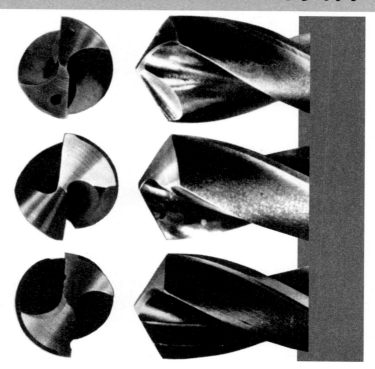

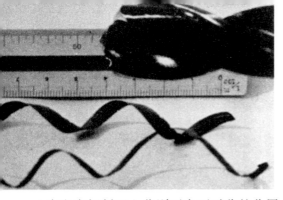

▲在左右切削刃上分别开有不对称的分屑槽，槽深要大于进给量的1/2，否则槽的底部就成了切削刃。因此，从切削刃排出的切屑被分成了两条。如果钻头直径在φ20mm以上，则需要开设两个分屑槽

▲左图是带断屑槽的钻头，在其切削刃的前面开有一个断屑槽。切屑如图所示

►附带分屑槽的断屑槽：和92页最下侧图的钻头结构相同，每次刃磨都必须磨出切口

►前面断屑槽：为了碾碎、切断产生的切屑，在前端设有阶梯。适用于深孔加工

►容屑槽上开设断屑槽：缩小容屑槽的曲率半径，切断切屑。与92页下侧中间的图效果一致

钻头的安装

安装钻头有以下两种方法，分为直柄安装和锥柄安装，下面介绍各自的安装要点。

● **直柄钻头的安装方式**

安装直柄钻头要使用钻床卡盘。将钻床卡盘直接安装到台钻的主轴上（雅各布锥度）。而如果安装在莫氏锥度的主轴上的话，一方面要使用雅各布锥度，另一方面要使用莫氏锥度的安装工具。不过，对于台式钻床，不需取下钻床卡盘，它是机器的一部分。

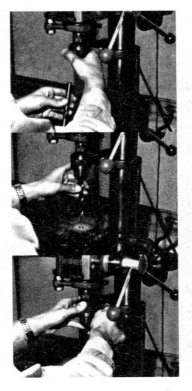

▲转动钻床卡盘的螺母，轻轻地装上钻头。接着用手慢慢转动主轴，确认钻头是否装偏。确认正确后，用卡盘扳手拧紧。扳手插入卡盘侧面任何一个孔都可以

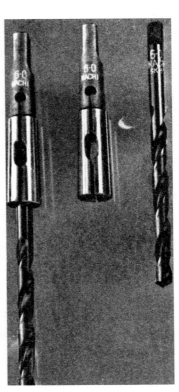

▲当主轴的锥形孔和卡盘上的锥形尺寸不吻合时，应使用套筒和管筒安装

## ●锥柄钻头的安装方式

主轴锥度和钻头锥度的型号相同时，把钻头直接插入主轴就可以了。当两者型号不同时，可使用管筒，此时尽量不要使用比主轴锥度大的锥柄钻头，否则对主轴不利，而应使用和主轴锥度相同或小一些的锥柄钻头。

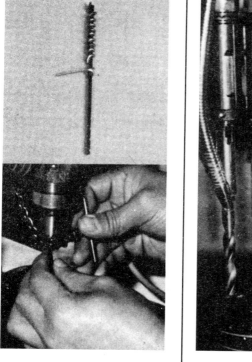

▲如果直柄钻头的直径过小而不能直接装在卡盘上的话，可在钻头上缠上铜丝，使钻柄直径变大，然后再安装在卡盘上，其余操作与用卡盘扳手紧固的要领相同

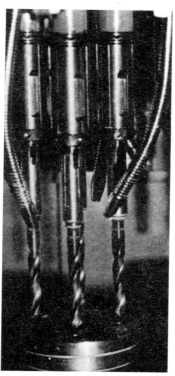

▲用插座将锥柄钻头安装在钻孔机上。要保证钻孔机的定位尺方向与主轴侧面上的开口方向一致。如果二者方向不一致，则无法安装

▲卡盘的一种，即使主轴旋转着也能安全地更换钻头

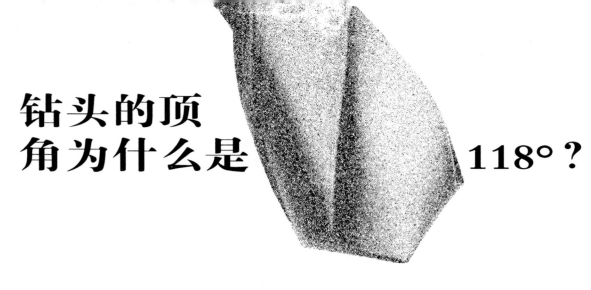

# 钻头的顶角为什么是 118°？

在五金商店里，如果你说："请拿个直径 φ10mm 的钻头给我"，店主就会问："顶角选多少度呢？"然后他会接着说："我们这儿有这样的"，就会拿出一个麻花钻，顶角角度为 118°。

市场上出售的钻头顶角都是 118°，这是为什么呢？

## ●●●●精益求精●●●●

以前听说钻头顶角和富士山的角度大致相等，约为 120°，现在好像一般都是 118°。而且似乎并不是因为靠理论计算得出的。

工件材料中，钢的使用量最多，钻削此类金属的钻头顶角均为 118°，这是由长期经验得出的结论。

在某个制造厂里，当我问："为什么顶角要选 118° 呢？"工人回答说："那是理所当然的啊。"简单地说，似乎是工人精益求精的结果。

为什么顶角为 118° 的效果要好一些呢？

## ●●●●改变顶角角度●●●●

让我们来分析一下改变顶角角度后电钻的切削效果吧。

图 b 的顶角角度是 118°，三幅图的顶角为 a>b>c。剖面线部分是钻头旋转半圈时的进给量 f，是由两条切削刃钻出的截面。截面面积均为 fD，D 为钻头直径。因此，实际钻孔时钻头受到三种作用力（切削力、背向力、进给力），钻头的进给量即为 f。钻头旋转后，切削刃处对应的进给量 f' 会变成 $f' = f\sin2\phi/2$，即 $2\phi$ 越小，f' 就越小。切屑厚度也按 a、b、c 的顺序减小。那么，切削力的大小顺序为 c>b>a。

图 a 的切削力最小，进给力因切削力靠近主轴方向，所以较大；与其相反，图 c 的切削力较大，而背向力却较小，即背向力大小依次为 a > b > c。

众所周知，$2\phi$ 越小，钻头越尖，所以可以简单地认为背向力越小。

观察家里用于在材料上钻孔的锥子，发现 $2\phi$ 几乎都小于 30°，这是因为考虑到是用人力，所以顶角越小越好。如果把顶角增大，比如双刃立铣刀的切削刃，即 $2\phi=180$° 时，用这种钻头钻孔的话，必须要施加很大的压力。事实上，在实际生产过程中，几乎没有将双刃立铣刀用于钻孔的案例。

不过，曾经在全国技能五项全能大赛上看到过用双刃立铣刀切削的表演，切屑相当漂亮。因为没有螺旋凹槽，切屑"嘶嘶"地飞出，观看比赛的人都很佩服。即使训练时打算用双刃立铣刀钻孔，但在比赛的时候也不会采用。因为与钻头相比，双刃立铣刀有较强的刚性，如果中间折断有可能会损坏机器。

采用这种方法的选手只要具有一定的自信心即可，因为比赛时一钻定胜负，可以不用考虑机器的因素。

▲ 制作热交换器时，钻出很多的孔

言归正转，在不考虑切削刃是否锋利的基础上，顶角为 180° 时，进给力会变得非常大。

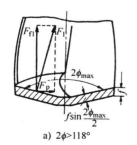

a) $2\phi>118$°

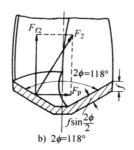

b) $2\phi=118$°

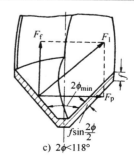

c) $2\phi<118$°

▲ 由于顶角 $2\phi$ 不同，切削力（$F$）、背向力（$F_\text{p}$）、进给力（$F_\text{f}$）会发生变化

### ●●●如果选定一个方面●●●

　　既然已经知道顶角越小，产生的钻削压力就越小，那么，只需尽量将钻头的顶角变小一些不就可以了吗？如此一来，根本不需要 118°，90° 甚至 30° 都可以，但事实证明那是不可行的。

　　如果钻头的前角 $\gamma_0$ 变小的话，垂直于进给向的分力即背向力 $F_p$ 就会增大，上文已讲述清楚。这种背向力大小与进给力相反，顶角越大则其越小。要使钻头转动并排出切屑就需要很大的转矩。

　　比较上一页的图 a 和图 c，与切削刃成直角的进给量 $f'$ 与切削力的大小无关，但实际钻孔时，图 c 产生的扭矩是图 a 的几倍。

　　用锥形铰刀加工过锥形孔的人都很清楚，即使加工余量很小，还是需要很大的扭矩，因此，把锥形铰刀看作是顶角 $2\phi$ 变小了的三角钻就能理解了。所以，只要在能提供很大转矩、功率很大的机器上使用进给力小、顶角小的钻头就可以了。但仅仅靠提高机床功率是不行的。

　　无论如何，进行实际切削的是钻头，不管使用多大转矩的机床，钻头仍必须能承受足够大的强度。若机床的扭矩过大，钻头本身会承受不住而扭断。

# 刃磨钻头

为了固定钻床，需安一个支承，但加工大直径工件时，也可不采用

除了下图所示的握钻头方法之外，也可以右手在前，左手在后。图中的左手只需拿稳钻头即可，旋转、推压和上下移动均可由右手完成

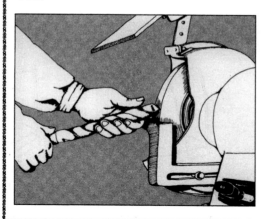

如上所述，顶角的一条切削刃确定好了之后，另一条又会倾斜，如此一来，要磨出标准的顶角便相当困难。因此经过长时间的经验累积，用顶角为 118° 的钻头切削钢材的效果最好，所以 118° 就变成了标准的钻尖角度。

那么，钻头顶角都是 118° 吗？其实不然，118° 只是标准角度，用于钻削钢材时最为合适。

安装修整器后，磨钻头的外侧，同时确保夹板已固定好。注意：使用砂轮外部和侧面磨削，并用钻头直径的 1/10 左右的刀尖圆弧接触砂轮

首先，用切削刃的后面轻轻接触砂轮的外缘，保持两者接触良好，稍微增大压力，并慢慢地转动钻头，直到结束。应注意要一气呵成，不能中途停顿，并要反复刃磨。如果用力过大，会导致切削刃烧伤，变为褐色或紫色。刃磨时可能需用水冷却

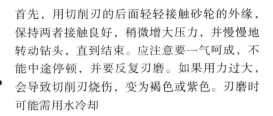

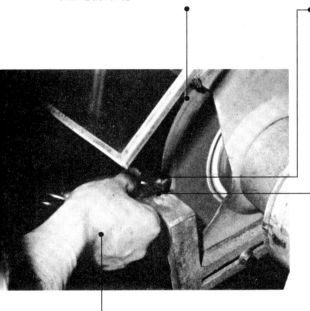

工作台与砂轮之间应留有 3mm 左右的空隙，若没有工作台，接触部位应略微靠上

握紧钻头，注意要领，轻轻地旋转着接触砂轮。握不稳钻头会被打飞，要谨防受伤。用右手操作磨床，左手仅用于支承

但是，加工时若更换了工件材料的话，建议最好还是改变钻头的顶角大小。

从进给力、背向力等来看，118°的切削效果很好，但实际钻削中，刀具寿命也是必须考虑的问题。从这一点来看，根据工件材料来改变顶角是很普通的。

顶角与工件材料的关系参见82页。

# 顶角、切削刃与切屑

仔细观察钻头就能知道，钻头的顶角为118°时，切削刃为一条直线。但在生产现场，根据材料的不同，顶角可能大于118°也可能小于118°。此时的切削刃会变为曲线，对应的切屑形状也会有所不同。

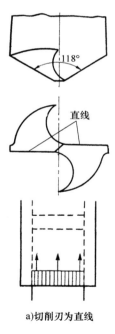
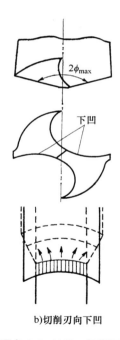
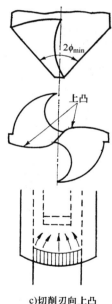

a)切削刃为直线　　　　　b)切削刃向下凹　　　　　c)切削刃向上凸

① **顶角 2$\phi$=118°**。切削刃为直线，切屑宽度与切削刃相同，会沿着螺旋槽流出，这是最理想的

② **顶角 2$\phi$>118°**。切削刃向下凹，切屑实际宽度比切削刃切下来的宽度要大一些。有时会划伤孔壁，有时切屑会积压在螺旋槽内，使加工效率降低

③ **顶角 2$\phi$<118°**。切削刃向上凸，切屑的宽度变窄，切屑通过螺旋槽流出时变形，并会发热，会缩短钻头寿命

# 铣刀大全

　　铣削加工被认为是一项需要动脑筋的工作，这是因为铣削加工种类很多，包括立铣、卧铣、切断、螺旋铣、成形铣削等。由于铣削加工较复杂，其所使用的刀具也是较难处理的。

　　尽管铣刀不完全相同，但一般来说一把铣刀上会有数片切削刃，各种各样的切削刃并不是像车刀一样连续切削，而是间断切削。因此，在铣刀上产生的力也不是恒定不变的，铣削时必须考虑到这一点。此外，铣刀并不仅限于在铣床上使用，也可用于其他机床。

# 铣刀的种类

铣削加工时通过旋转铣刀加工平面、曲面、沟槽、螺纹和齿形等。

金属切削加工包括车削、铣削、磨削、成形加工和钻削等。铣削特点如下：①可间断切削。②工件是固定的，通过旋转铣刀进行铣削。③铣削中产生的切屑厚度会改变。

可转位面铣刀

面铣刀(高速钢)

双刃立铣刀

立铣刀

对称双角铣刀

不对称双角铣刀

套式立铣刀

单角铣刀

螺纹单角铣刀

圆柱形铣刀(硬质合金)

三角刃铣刀

锯齿三面刃铣刀

将上述特点和其他的切削方式进行比较的话，磨削和刨削等虽能间断切削，但和上述的②、③点有所不同；钻削加工符合①、②两个特点，但和③又不同。

铣削主要可以分为周铣（用刀片圆周上的刀尖铣削——面铣刀和侧面刃铣刀等）和端铣两大类。

也有像立铣刀一样的端面和周身都有切削刃的铣刀，能实现两种铣削方式。根据工件形状和使用条件，可分为如下类型的铣刀。

锯片铣刀

双圆角铣刀

单圆角铣刀

错齿T形槽铣刀

T形槽铣刀

圆柱头螺钉沉孔铣刀

凸半圆铣刀

铣槽刀

凹半圆铣刀

半圆键槽铣刀

成形铣刀

中心孔铣刀

# 刀尖角度

铣削加工时，很少有人自己刃磨铣刀的，对使用的铣刀刀尖名称也不太熟悉。

## ●面铣刀

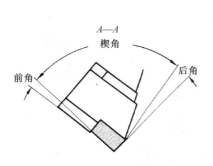

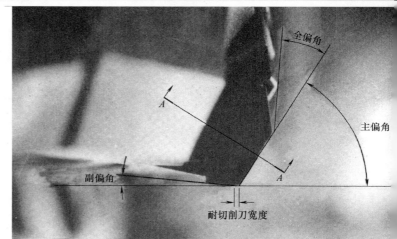

## ●圆柱形铣刀

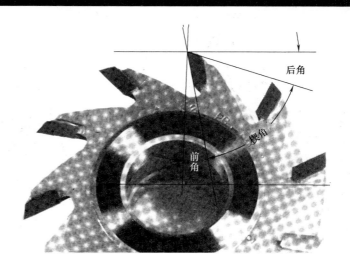

但为了能够正确和有效地铣削，必须根据加工条件、工件的材料和工件形状正确地选择铣刀。

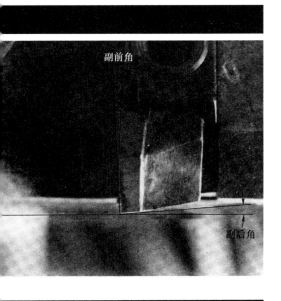

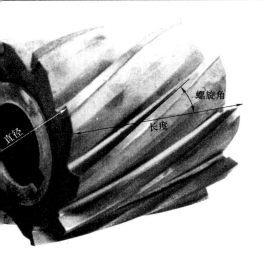

## 铣削加工和车削加工时刀尖的摆放方法

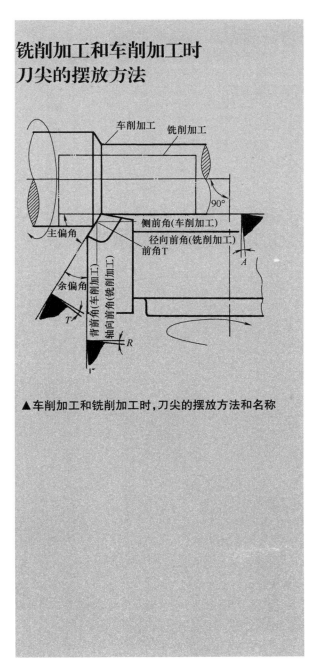

▲车削加工和铣削加工时,刀尖的摆放方法和名称

# 逆铣

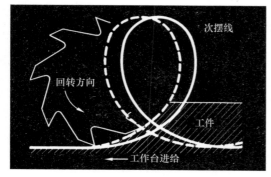

次摆线

回转方向

工件

工作台进给

出一条称之为次摆线的轨迹线。

根据刀尖的运动和工件的位置关系可以分为多种切削方法，但最基本的是端铣和周铣。不管采用什么样的铣刀，都要依据这两者中的一种或者将两者搭配使用进行各类铣削。

根据铣刀的旋转和工件的进给方向，分为顺铣和逆铣两种方式。

逆铣时铣刀的旋转方向和工件的进给方向是相反的，而顺铣时方向相同。

● 顺铣的优点

铣削是通过刀具旋转，工件作进给运动而进行切削的。此时，铣刀的刀尖在空中画

逆铣

顺铣

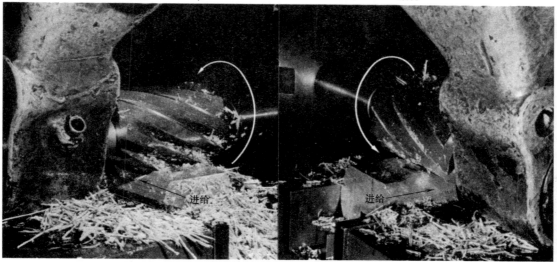

进给

进给

▲圆柱形铣刀的逆铣　　　　　　　　▲圆柱形铣刀的顺铣

# 顺铣

① 延长刀尖寿命。

② 能够进行高强度铣削，特别是在铣削高硬度材料时效果更明显。

③ 精加工时加工面质量较好。

④ 进给所需的动力比逆铣要小。

● 逆铣的优点

① 不易发生打刀事故。

② 不需要消除机床工作台的进给丝杠与螺母的间隙，旧设备也能使用。

考虑到顺铣和逆铣的优点，一般认为周铣时特别适合顺铣，而精密铣削时应当选择逆铣。

顺铣和逆铣时，即便是使用同一把铣刀，工件的进给方向也不完全一样。

端铣是顺铣和逆铣的合成铣削。

▲端铣为逆铣、顺铣的合成运动

此外，用立铣刀铣键槽时，逆铣、顺铣、周铣和端铣都会用到。

▲立铣刀的逆铣　　　　　　▲立铣刀的顺铣

吃刀量

# 刀尖的接触方式

由于车刀是连续切削加工的，无特殊情况时，同一把车刀可连续切削；而铣刀是断续切削的，一把刀尖切削后最多旋转 1/2 圈，然后停止切削（实际上与切削面摩擦），之后再次切入，每个刀尖重复这样的动作往复切削。

因此，刀尖最初接触工件时，把刀尖的哪个部位作为初始切削位置甚为关键，若位置不当会导致冲击过大，造成崩刃并会缩短铣刀的使用寿命。

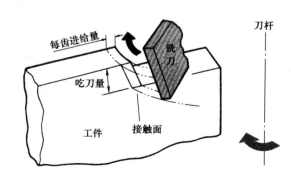

每齿进给量

铣刀

刀杆

吃刀量

工件

接触面

▲ 刀尖的接触方式

工件和铣刀刀尖的接触位置如下图所示，有多种方式，分为点接触（①~④）、线接触（⑤~⑧）和面接触（⑨）。采用哪种接触方式与背前角、侧前角和初始接触角有关，此外，根据铣刀和工件的相对位置也要作一定调整。

必须避免从图①所示最弱的刀尖开始接触。若要减小刀尖受的冲击力，图③和图④的接触位置是合适的。对于图⑨中的面接触，一开始接触工件时刀尖便全部切入直到结束切削，虽接触时间最短，但受到的冲击力最大，此类面接触非常少。冲击力太大，容易崩刃，缩短刀具寿命。因此，加大前角和后角角度会延长冲击时间。

此外，根据刀杆和工件的位置关系，刀尖的接触点位置还有很多类型。

面铣刀类的刀杆在工件内部时类似图③、图④的接触方式较多；而圆柱形铣刀类的刀杆在工件外部时则多为图①、图②类的接触。其中，背前角变为正角时，容易变成图①的情况。

## 刀尖的接触位置

| 接触点 | $\gamma_f$ 和 $\delta$ 的关系 | $\gamma_P$ 和 $\psi$ 的关系 |
|---|---|---|
| ① 工件 | $\gamma_f > \delta$ | $\gamma_P < \psi$ |
| ② | $\gamma_f > \delta$ | $\gamma_P > \psi$ |
| ③ | $\gamma_f < \delta$ | $\gamma_P < \psi$ |
| ④ | $\gamma_f < \delta$ | $\gamma_P > \psi$ |
| ⑤ | $\gamma_f > \delta$ | $\gamma_P = \psi$ |
| ⑥ | $\gamma_f < \delta$ | $\gamma_P = \psi$ |
| ⑦ | $\gamma_f = \delta$ | $\psi = 90°$ |
| ⑧ | $\gamma_f = \delta$ | $\psi = 90°$ |
| ⑨ | $\gamma_f = \delta$ | $\psi = 90°$ |

▲ 刀杆位于工件外侧时，①②的情况居多

▲ 刀杆位于工件内侧时，③④的情况居多

注：$\gamma_f$ 为侧前角，$\delta$ 为初始接触角，$\gamma_P$ 为背前角，$\psi$ 为余偏角。

# 刀尖前角

为了防止刀尖崩刃，硬质合金铣刀需适当设置前角。前角有径向（垂直于刀具中心）方向的侧前角和轴向（沿着刀具的轴）方向的背前角，其中又有正负之分。

如果两个前角同时为正，刀尖和工件的接触面增大，铣削铸铁和非硬质合金尚可，但若加工

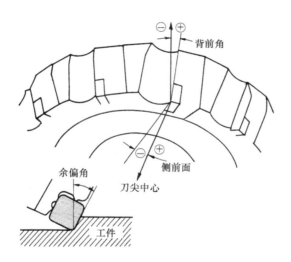

钢和铸钢时会产生崩刃。不过，若两个前角均为负的话，虽接触面减小了，但总切削力将会加大。因此，适当设置两个前角的值才能顺利地进行铣削。

下面介绍楔角固定为 25° 的情况下，前角采取不同组合时生成的各种切屑。

## DN 型
均为负值

## NP 型
一负一正

## DP 型
均为正值

背前角和侧前角都为负值，切屑在刀具和工件之间呈旋涡状。由于是双负数，切削刃的强度较高，能够进行强力切削

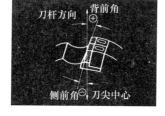

背前角为正，侧前角为负值时，切屑慢慢卷曲着流出，适用于不锈钢、钢等的粗加工

两个前角均为正值，切屑形状为 DP 型，比 DN 和 NP 型好，切削力也较小。适合于精加工，特别是轻合金、铜合金和不锈钢等的精加工。此外，也常用于低碳钢的粗加工

# 铣削要素

比如，使用铣刀直径为 100mm，主轴转速为 250r/min 的车床进行车削时，切削速度为

$$v=\frac{\pi \times 100mm \times 250r/min}{1000}=78.5 \quad (m/min)$$

提高切削速度自然能提高切削效率，但刀尖易磨损，与提高每齿进给量相比会大大缩短刀具寿命。

2）进给量指的是相对于铣刀主轴的工件位移速度，工件可在铣刀的左右、前后、上下各个方向移动，此外也有螺旋移动，这些进给量的单位均用 mm/min 表示。

3）每齿进给量在决定切削条件的基础上起着重大作用。车削时通常只有一个刀片，而铣刀有多个刀片，车削只是单纯的刀具进给，故而是无法决定切削质量的。因此，铣刀的每齿进给量，即每一个刀片旋转时的吃刀量，应首先考虑。

公式如下

$$f_z=\frac{F}{Nn}$$

铣削时虽然诸多条件要素决定了最终的切削效率，但主要因素是切削速度、进给量、背吃刀量和侧吃刀量等。

1）切削速度按铣刀的直径和主轴的转速表示如下

$$v=\frac{\pi Dn}{1000}$$

式中　$\pi$——圆周率，取 3.14；

　　　　$v$——切削速度（m/min）；

　　　　$n$——铣刀转速（r/min）。

上述公式也适用于车床、磨床等，只有式中的直径 $D$ 不同。如果是工件旋转，刀具切削的车床等，最好用工件直径表示；而像铣刀一样依靠刀具旋转切削的，最好用刀具直径表示。

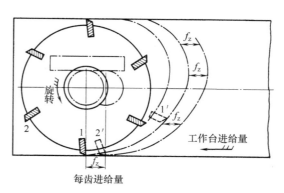

▲ 每齿进给量 $f_z$

▲ 顺铣（左）和立铣（右）的背吃刀量及侧吃刀量

式中　$f_z$——每齿进给量（mm/齿）；

　　　$F$——工作台的进给量（mm/min）；

　　　$n$——转速（r/min）；

　　　$N$——铣刀的刀齿数。

上式中，转速和工作台进给量一定时，取同一直径而铣刀齿数相差 1 倍的两把铣刀，比如 8 片刀对应 16 片刀，则每刀进给量变为 1/2。也就是说，每齿进给量一定而齿数增加时，工作台的进给量将会变大。

其实这些只是数字游戏，纸上谈兵罢了，实际操作中会受到机床、刀具、工件材料、加工面质量等条件的制约，最终才能确定标准切削条件。如果不考虑加工面质量和刀尖强度等因素的话，每齿进给量增大后更能延长刀具寿命，但如此一来，加工面质量会变的很差。

4）背吃刀量指的是刀尖进入工件中的厚度。

5）侧吃刀量指的是一次切削中切掉的工件宽度。

侧吃刀量端铣时为铣刀直径的 50% ~ 60% 为佳，太小的话振动会增大，更会损害刀尖。

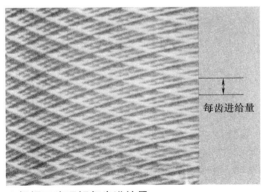

▲根据刀痕理解每齿进给量

▲齿数若变为两倍，每齿进给量则为原来的 1/2

**113**

# 刀具与刀痕

看过已加工表面就能明白是由什么刀具切削而成的。刀具拥有不同的切削特性，使用的场合也各不相同（在某场合使用的刀具被用在其他场合的情况也有，比如像三面刃铣刀替代面铣刀用一样）。

切削刀痕代表了刀具的特性，比如端铣进给速度快，吃刀量大。用这样的方式来形容或许稍微有些粗略，但确实明确地表现出了其特征。

**a** 端铣后的表面，纹路很漂亮。纹路漂亮意味着铣床的主轴、面铣刀的刀杆和被加工面的直角处理得很好。但不要误解为纹路很好就代表着加工面的质量就一定很好。

**b** 下面试着采用端铣时加上一把车刀进行切削。车刀的轨迹十分漂亮，这和在车床上用车刀车削的道理相同。将工件延长，进行直径宽度以上的进给就产生了刀痕。面铣刀上安装着许多的刀尖，这和增加车刀是一样的。许多的刀尖一次性地完成切削，加工效率自然就提高了，加工面上凹凸之间的间隔为每切一刀的进给距离。

**c** 这是双刃立铣刀的顺铣加工表面。尽管进给量较大，也有手动进给，但每齿的间隔能较明显地区分出来。可以在工件的立面看出顺铣的痕迹。

**d** 这是四刃立铣刀的逆铣加工表面。进给量和双刃立铣刀相同，为手动进给，吃刀量较小。虽然进给量一样，但和双刃立铣刀相比，四刃立铣刀要少 1/2，刀痕也较少。

# 容屑槽

用于收集切削后生成切屑的空间叫做容屑槽，也可以叫做容屑室、容屑空间或容屑沟槽。切屑会随着铣刀的旋转而逐渐变大，容屑槽可将切屑沿沟槽排出去，能够防止切屑体积过渡增大，以便切削顺利进行。

铣刀加工包括硬质合金的重切削，因此在单位时间内排出的切屑也较多，于是容屑槽的大小和形状变得至关重要。

容屑槽的大小和形状与切屑的形状、工件材料、铣刀齿数有关。

▲ 图为面铣刀在铣削钢材，切屑轻触容屑槽的外壁后会卷起来，铣削钢材用的容屑槽一般较大

▲ 图为套式立铣刀的一种，叫梅蒂铣刀，用于重切削，除了将其沟槽称为超硬容屑槽外，其他的都称为容屑槽

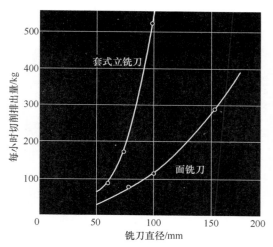

▲ 下面就切屑的排出能力进行实验。直径为 100mm 的面铣刀在 1h 内的切削量为 120kg，拥有大容量容屑槽的梅蒂铣刀能够产生 520kg，相当于一般切削量的 5 倍。当然，这也不单纯是依靠容屑槽的形状而产生的。

▲齿数增多容屑槽变小

铣刀根据用于轻切削还是重切削的不同，其刀齿数也不同。确定容屑槽的形状还要根据铣刀的设计、刚性等各类因素综合考虑。

当然，齿数越多则容屑槽就越小，但工件材料在一定程度上也决定了容屑槽的大小。

铸铁和非铁金属的切屑较小，容屑槽也可以小一些。钢和铸钢的切屑较长，但要使其卷曲相比，还是采用大一些的容屑槽为好。此外，切削轻合金时，也应采用大一些的容屑槽。

▲这是成形铣刀的一种，用于加工制动滚筒。铣刀被镶嵌了许多超硬的刀片，构成了各种各样的刀盒

容屑槽的大小和铣刀的齿数有关，从齿数上看，直径为 80mm 的同类型铣刀，铣铸铁和非铁金属时为 8 个齿，铣钢和铸钢为 6 个齿，铣轻合金为 3 个齿，故而应根据工件材料分开使用。刀尖的形状改变，切屑的形状也会改变，因此也可以用铣铸铁用的刀具铣削不锈钢。

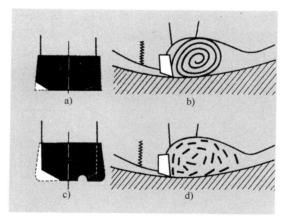

▲加工深沟槽，切屑呈卷曲状不能光滑地排出。图 a 的切削刃上积满了像图 b 一样的切屑，溢出的切屑会划伤沟槽壁，并撞击切削刃，刀具寿命也会缩短。在这种情况下，如果采用像图 c 一样的切削刃的话，其与下一切削刃发生的重叠量会减少，可把切屑折断，就能像图 d 一样把切屑适当细分，光滑地排出

117

# 面铣刀加工实例

圆柱形铣刀和面铣刀多用于平面铣削，圆柱形刀体外有切削刃，可铣削与铣刀主轴平行的面。面铣刀的切削刃分为直线型和螺旋型，一般切削刃宽在20mm以下的为直切削刃，宽度在20mm以上的为螺旋切削刃。精加工时螺旋角一般为标准的15°，粗加工时角度一般在25°以上，且齿数较少。

直切削刃铣削时是一片切削刃同时全部切入工件，而螺旋切削刃是多片切削刃一点一点地切入工件中。因此，螺旋切削刃铣削时数片切削刃同时铣削，振动较小。螺旋铣刀分为右螺旋铣刀和左螺旋铣刀，按材料可分为高速钢铣刀和硬质合金铣刀。

▲右侧是成形高速钢刀片，左侧是钎焊硬质合金刀片，均为大螺旋角，用于粗加工难切削材料

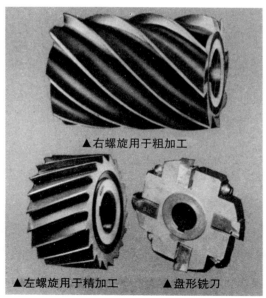

▲右螺旋用于粗加工

▲左螺旋用于精加工　　▲盘形铣刀

# 凹凸半圆铣刀加工实例

凹半圆铣刀的外圆呈半圆形，用于加工凸半圆的工件外表面；与其相反，凸半圆铣刀用于加工凹半

圆工件的外表面。这两种铣刀即使再次刃磨，切削刃也不会发生变化。

▲凸半圆铣刀的加工实例

▲凹半圆铣刀的加工实例

# 三面刃铣刀加工实例

三面刃铣刀的外圆圆周上和两侧面均带有切削刃，用于加工沟槽。

其类型有三面刃铣刀和错齿三面刃铣刀。

一般都是直齿，用于加工硬度较低的工件材料时，带有 15°~40° 左右的螺旋角。此外，按材料分为高速钢三面刃铣刀和硬质合金三面刃铣刀。

▲三面刃铣刀加工实例

▲三面刃铣刀加工实例

▲错齿三面刃铣刀加工实例

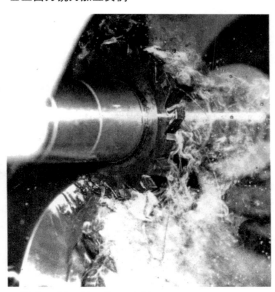

▲错齿三面刃铣刀加工实例

# 角度铣刀加工实例

角度铣刀有单角铣刀、对称双角铣刀和不对称双角铣刀等。

单角铣刀用于加工倾斜面、燕尾槽和铣刀刀具等。

对称双角铣刀两侧的角度相同，用于V形槽的加工。两侧角度不对称的铣刀称为不对称双角铣刀。

▲单角铣刀加工实例

▲在卧式镗床上加工燕尾槽实例

▲单角铣刀加工实例

▲双角铣刀加工实例

# 锯片铣刀加工实例

　　锯片铣刀的刀片宽度非常窄，主要用于下料和铣削沟槽。日本工业标准规定了外径为 150mm 以下，刀片宽为 4mm 的锯片铣刀作为强力铣削用铣刀，也有和三面刃铣刀一样的三面刃锯片铣刀及错齿锯片。

　　此外，和锯片铣刀类似的还有铣槽刀，其主要用于螺钉头的铣槽加工。

▲正在旋转的锯片铣刀

▲正在旋转的锯片铣刀

▲用于铣沟槽

# 组合铣刀加工实例

　　组合铣刀是由多把铣刀组合而成的，日本工业标准规定组合铣刀需配有两把三面刃铣刀。此外，还有和角度铣刀搭配的组合铣刀，可同时加工出各种形状的。

▲动态组合铣刀，根据组合方式的不同,组合铣刀有各种各样的形状

▲由两把圆柱形铣刀和四把三面刃铣刀组成的组合铣刀

▲由两把三面刃铣刀和两把角度铣刀组成的组合铣刀

# 成形铣刀加工实例

　　加工形状有曲线，或断面比较复杂的工件时，常使用与工件形状相同或相近的成形铣刀。凹半圆铣刀、凸半圆铣刀、双圆角铣刀和单圆角铣刀等都属于成形铣刀，各成形铣刀的内部有着更为复杂的形状。

▲铣刀放置为与工件形状一致

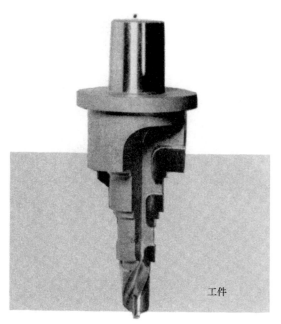

工件

▲阶梯立铣刀加工

▲成形铣刀加工

# T 形槽铣刀加工实例

　　T 形槽铣刀用于铣削 T 形沟槽，其外圆和上下两侧面均有切削刃，切削刃分为直齿和错齿。另外，刀杆分为直柄和锥柄两种。使用 T 形槽铣刀时，应先用立铣刀铣孔，然后再使用 T 形槽铣刀加工。

▲直齿 T 形槽铣刀

▲错齿 T 形槽铣刀

▲T 形槽铣刀加工实例

# 面铣刀的种类及加工实例

面铣刀与刀杆垂直的端面和外圆都有切削刃，主要用于铣平面。外圆的切削刃是主切削刃，端面的切削刃起着和刮刀一样的作用。面铣刀与套式立铣刀相比，其刃部较短。

日本工业标准规定面铣刀分为直齿、螺旋齿和可转位式三种。

尽管平面加工可用圆柱形铣刀，但面铣刀加工时比圆柱形铣刀的切削力要小，

▲铣削铸铁用可转位刀片　　▲铣削钢材用普通刀片　　▲铣削台

可进行强力铣削，是使用较广泛的一种铣刀。

面铣刀可分为左旋和右旋，右旋标记为 R，左旋标记为 L。其切削刃有高速钢和硬质合金钢，但目前采用硬

▲可转位面铣刀的安装方法及其零件

▲用楔块固定面铣刀刀片

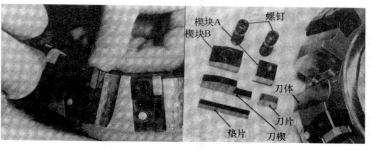

▲用螺钉固定面铣刀刀片及其零部件(可转位刀片)

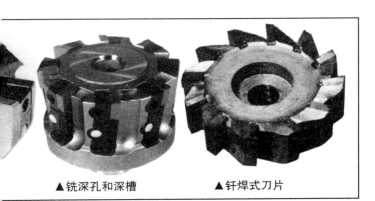

▲铣深孔和深槽　　　　▲钎焊式刀片

▲面铣刀找正

质合金钢的比例增加了。

　　此外，面铣刀一般不选择钎焊在铣刀刀体上。在铣刀的圆周处等分开有沟槽，在沟槽中用专用工具卡住钎焊的硬质合金刀片而实现固定。

　　其固定方法多种多样，主要有楔块、螺钉和螺纹孔等。

▲面铣刀加工实例

# 立铣刀的种类

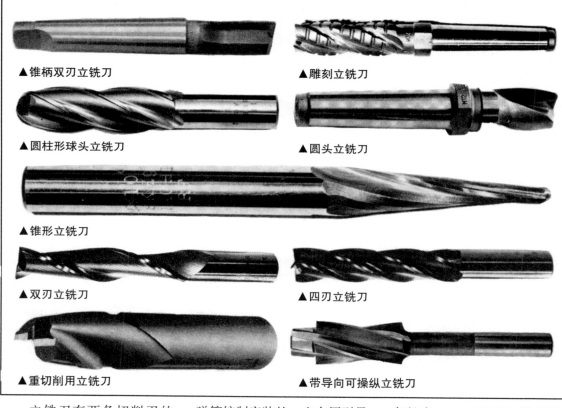

▲锥柄双刃立铣刀

▲雕刻立铣刀

▲圆柱形球头立铣刀

▲圆头立铣刀

▲锥形立铣刀

▲双刃立铣刀

▲四刃立铣刀

▲重切削用立铣刀

▲带导向可操纵立铣刀

　　立铣刀有两条切削刃的称之为双刃立铣刀。切削刃数在此之上的，日本工业标准规定为套式立铣刀。其中，双刃立铣刀也称之为字符铣刀，用于加工沟槽及阶梯等。

　　双刃立铣刀的刀柄分为直柄和锥柄。直柄立铣刀内有用弹簧控制安装的，也有用引导螺纹安装的。此外，切削刃的方向有左旋、右旋、直齿、螺旋齿；螺旋方向也有左右之分，这些各种各样的组合形成了不同的铣刀种类。但实际上使用较多的是右螺旋切削刃。

　　日本工业标准规定铣刀直径在 20mm 以下的采用直柄，直径在 10～40mm 之内的采用锥柄。

▲左旋　　　▲右旋

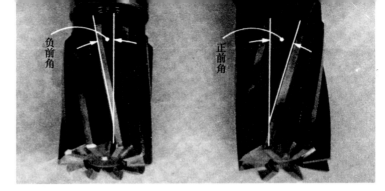

左
负
前
角

正
前
角

▲**左螺旋**(左)**和右螺旋**(右)

▲**套式立铣刀**

▲**套式立铣刀**

▲**套式立铣刀**

从双刃立铣刀的切削作用来看，类似于钻削加工，其中心点的切削速度为0。

除了有两条切削刃以上呈套状的铣刀之外，其余的都称之为立铣刀，与面铣刀相同，其外圆和端面都有右旋切削刃。该切削刃可用于铣沟槽、台阶、轮盘和曲面等。

右螺旋立铣刀由于前角为正，切削效果较好，加工效率较高。但是，前角为正的话，切削力不能完全施加在工件上，侧面的切削刃在切削时向下运动，立铣刀容易向下脱落。

与此相比，左螺旋的前角为负时，切削效果不佳，加工面较差。但与右螺旋不同，左螺旋立铣刀不受向下的拉力的影响，夹紧效果较好。

如上所述，由于螺旋方向上有一长一短两个刀片，能提高加工效率，因此右螺旋型的立铣刀应用范围越来越广。与此同时，便于夹紧的型号也在不断开发之中。

立铣刀的外圆圆周切削刃的螺旋角一般为 12°～18°，粗齿立铣刀大约为 20°～25°，用于加工难切削材料；当然，也有的螺旋角度达到了 60° 左右。

立铣刀，特别是用于加工较大平面的称之为套式立铣刀。尽管类似于面铣刀，其螺旋方向也有左右之分，但主要用于台阶加工，且同样紧固在刀杆上使用。

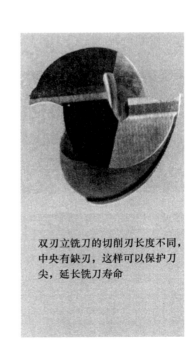

双刃立铣刀的切削刃长度不同，中央有缺刃，这样可以保护刀尖，延长铣刀寿命

# 立铣刀加工实例

▲硬质合金立铣刀加工沟槽

▲套式立铣刀加工台阶类工件

▲立铣刀用于数控加工

▲立铣刀成形加工

立铣刀成形加工有台阶加工和沟槽加工等，仿形铣床在成形加工中是必不可少的。下面是几幅立铣刀加工实例的照片。

▲立铣刀成形加工

▲立铣刀加工

▲双刃立铣刀加工

▲套式立铣刀粗加工半球

# 特殊铣刀

铣刀可用于平面铣削、沟槽铣削、切断、钻孔和齿轮铣削等，应用范围很广。为实现这些铣削，铣刀的形状也较复杂，种类、组合也比较多。此外，使用铣刀的机床也不仅限于铣床，是否为铣刀并没有明确的区分。特别对于硬质合金铣刀，其形状变化较大。

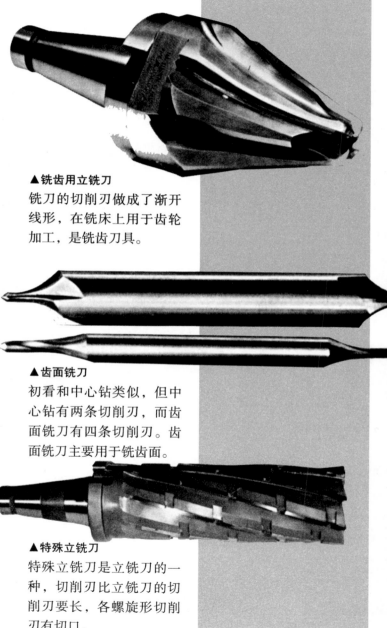

▲铣齿用立铣刀
铣刀的切削刃做成了渐开线形，在铣床上用于齿轮加工，是铣齿刀具。

▲齿面铣刀
初看和中心钻类似，但中心钻有两条切削刃，而齿面铣刀有四条切削刃。齿面铣刀主要用于铣齿面。

▼ 螺纹铣刀
与板牙类似，没有主切削刃，固定在铣床上使用，可以铣锥螺纹、外螺纹以及内螺纹。

▲特殊立铣刀
特殊立铣刀是立铣刀的一种，切削刃比立铣刀的切削刃要长，各螺旋形切削刃有切口。

# 硬质合金材料种类对照表

| 工件材料 | 日本工业标准分类代号 | 钛钨硬质合金 | 钨系硬质合金 | 钨钴合金 | 镍铬合金 | 碳化钨硬质合金 | 肯纳（米塔尔）硬质合金 | 韦地亚钨钴系硬质合金 | 帝坦尼特烧结硬质合金 |
|---|---|---|---|---|---|---|---|---|---|
| 钢 | P 01 | STi 03 SF | TX 05 | FT05E FT1 | F 1 | 330 350 | K7H | TT 02 | STi 03 |
| | P 10 | STi10・STi10T S 1 | TX10・TX15 S 1 | ST10E・ST1 S 1 | S 1 S 1P | 78 | K5H | TT 10 | STi 10 STi 10T |
| | P 20 | STi20・STi25 S 2 | TX20・TX25 S 2 | ST15E・ST2 S 2 | S 2 | 78B | K3H | TT 20 | STi 20 STi 26 |
| | P 30 | STi 30 S 3 | TX 30 S 3 | ST25E ST 3 | S 4 | | | TT 30 | STi 30 |
| | P 40 | STi 40 STi 45 | TX 40 | ST 4 | S 6 | 370 | KM K2S | TT 40 | STi 40 STi 45 |
| | P 50 | STi 50 | | | S 8 | | | TT 50 | STi 50 |
| 钒 | M10 | UTi 10 | TU 10 GH | U10E U 1 | SH | | K4H | TA 10 | UTi 10 |
| | M20 | UTi 20 | TU 20 | U 2 | | | K21 | TA 20 | UTi 20 |
| | M30 | UTi 30 | TU 30 | | | | K23 | | UTi 30 |
| | M40 | UTi 40 | TU 40 | A40 | | | | TA 40 | UTi 40 |
| 铸铁 | K 01 | HTi 03 HTi 05 HTi 05T | TH 3 TH 2 | H 3 H 2 | H 05 | 999 905 | K 8 K11 | TH 03 | HTi 03 HTi 05 |
| | K 10 | HTi 10 G 1 | G1F・TH 10 TH 1 | H 1 G 1 G10E | H 13 | 883 | K 6 | TH 10 | HTi 10 |
| | K 20 | HTi 20 G 2 | G2F G 2 | G 2 | H 20 | 44A 55A | K 1（K6） | TH 20 | HTi 20 |
| | K 30 | HTi 30 G3 | G 3 | G 3 | | | | TH 30 | HTi 30 |
| | K 40 | HTi 40 | | | | | | TH 40 | HTi 40 |

# 车削用硬质合金的标准切削条件（刀具寿命为 60min）

| 工件材料 | 强度及硬度/ ×10MPa | 精车（进给量 0.05~0.2mm/r） | | | | 普通车削（进给量 0.2~0.8mm/r） | | | | 粗车（进给量大于 0.8mm/r） | | | |
|---|---|---|---|---|---|---|---|---|---|---|---|---|---|
| | | 日本工业标准分类 | 前角/(°) | 后角/(°) | 切削速度/(m/min) | 日本工业标准分类 | 前角/(°) | 后角/(°) | 切削速度/(m/min) | 日本工业标准分类 | 前角/(°) | 后角/(°) | 切削速度/(m/min) |
| 钢 | 50~70 | P 01 | | | 120~230 | P 10 | | | 100~180 | P 20 | | | 50~150 |
| 钢 | 0~150 | P 10<br>K 10 | 10~15 | 8~10 | 50~140 | P 20<br>K 10 | 8~12 | 6~8 | 70~140 | P 30<br>（K 20） | 6~12 | 6 | 40~100 |
| 调质钢 | 150~180 | K 10 | 0~-15 | 8 | 20~40 | | 0~-15 | 6 | 10~30 | | | | |
| 铸铜 | 50~70 | P 01<br>P 10<br>K 10 | 10~12 | 8 | 80~180 | P 10<br>P 20<br>K 20 | 8~10 | 6 | 60~130 | P 20<br>P 30<br>（K 20） | 6 | 6 | 30~90 |
| 不锈钢 | 60~70 | P 10<br>K 10<br>M 10 | 12~15 | 10 | 70~120 | P 20<br>M 20 | 12 | 8 | 40~100 | P 30<br>M 30 | 8~10 | 6 | 20~70 |
| 高锰钢 | 90~110 | M 10<br>P 20 | 4 | 8 | 8~20 | M 20 | 2 | 6 | 8~20 | | | | |
| 铸铁 | 180~300 HB | K 01<br>K 10 | 4~6 | 8 | 80~120 | K 01<br>K 10<br>K 20 | 4 | 6 | 60~110 | K 10<br>K 20 | | 6 | 50~90 |
| 可锻铸铁 | 220 > HB | P 10<br>P 20 | 10 | 8 | 80~110 | P 20 | 6 | 6 | 70~90 | P 20<br>P 30 | 6 | | 50~70 |
| 冷硬铸铁 | 65~90HB | K 01<br>K 10 | 0 | 10 | 10~15 | K 10 | | 6 | 5~15 | | | | |
| 铜合金 | 50~120HB | K 01<br>K 10 | 10~20 | 10 | 500~900 | K 10<br>K 20 | 8~15 | 10 | 200~800 | K 20 | 6~12 | 8 | 150~650 |
| 轻铝合金 | 40~120HB | | 20~25 | 10~12 | 450~3000 | K 10<br>K 10<br>K 20 | 15~20 | 8 | 200~2000 | K 10<br>K 20<br>M 10 | 15~20 | 8~10 | 150~1000 |
| 钨钛合金 | 42~54HRC | K 01<br>K 10 | 0~6 | 0~4 | 10~40 | K 01<br>K 10 | 0~4 | 2~4 | 5~20 | 钨钛合金的加工条件为：进给量为 0.15mm | | | |
| 耐热镍基合金 | 80~100 | K 01<br>K 10<br>P 20 | 8 | 8 | 10~20 | K 01<br>K 10<br>P 20 | 8 | 8 | 10~20 | | | | |
| 纯钛 | >200 | K 01<br>K 10 | 10 | 8 | 90~120 | K 10 | 20 | 10 | 70~100 | K 10<br>（M 10） | 6 | 6 | <400 |
| 木材 | | K 10<br>K 20 | 15~25 | 12~25 | <600 | K 10<br>K 20<br>K 30 | 12~25 | 12~15 | 500 < | K 20<br>K 30<br>K 40 | 10~20 | 8~12 | 200~400 |
| 塑料 | | K 01<br>K 10 | 10~20 | 10~20 | 300~1000 | K 01<br>K 10<br>K 20 | 10~15 | 10 | 200~800 | K 10<br>K 20 | 10~15 | 8~10 | 150~600 |

# 高速钢的车削特性及用途

| 高速钢种类 | 影响切削速度的三要素 | | | 用　途 |
|---|---|---|---|---|
| | 耐热性前面磨损（高速、重载抵抗力） | 耐磨性后面磨损（加工精度） | 韧性（交变切削抵抗力） | |
| SKH3 | × | △ | △ | 低速切削断续切削 |
| SKH4 | ○ | △ | △ | 中速切削重切削 |
| SKH5 | ◎ | × | × | 超重切削，高速切削不锈钢切削 |
| SKH9 | △ | ○ | ◎ | 断续切削低速精加工 |
| SKH54 | △ | ◎ | ○ | 断续切削中速精加工 |
| SKH57 | ○ | ◎ | ○ | 断续切削高速精加工 |

# 铣刀的标准切削条件

| 工件材料 | 分类 | 使用硬质合金铣刀（切削功率5kW） | | | | 使用高速钢铣刀（切削功率3.7kW） | | | |
|---|---|---|---|---|---|---|---|---|---|
| | | 面铣刀 | 圆柱形铣刀 | 三面刃铣刀铣槽刀 | 立铣刀三面刃铣刀 | 面铣刀 | 圆柱形铣刀 | 三面刃铣刀铣槽刀 | 立铣刀三面刃铣刀 |
| | | 加工量 90mm | 加工量 90mm | 加工量 22mm | 加工量 15mm | 加工量 90mm | 加工量 90mm | 加工量 22mm | 加工量 15mm |
| 铸铁 | $v$ | 90~100 | 90~100 | 90~100 | 75△ | 20~25 | 20~25 | 20~25 | 13△ |
| | $a$ | 3 | 3 | 12 | 2 | 3 | 3 | 12 | 2 |
| | $F$ | 140~250× | 120~200× | 130~245× | 95~145○ | 120~190× | 110~190× | 55~100● | 35~55○ |
| | $f_z$ | 0.07~0.09 | 0.04~0.06 | 0.04~0.07 | 0.02 | 0.24~0.30 | 0.17~0.24 | 0.08~0.12 | 0.01~0.02 |
| | $Q$ | 40~65 | 22~23 | 35~65 | 2.8~4.4 | 32~52 | 30~52 | 26.4~30.0 | 1.1~1.7 |
| 碳素钢 | $v$ | 70~100 | 70~100 | 70~100 | 47△ | 20~25 | 20~25 | 20~25 | 13△ |
| | $a$ | 3 | 3 | 12 | 2 | 3 | 3 | 12 | 2 |
| | $F$ | 95~185× | 80~128× | 85~155× | 60~85○ | 60~110× | 55~105× | 50~70● | 25~35○ |
| | $f_z$ | 0.11~0.15 | 0.04 | 0.04~0.05 | 0.01 | 0.12~0.17 | 0.09~0.13 | 0.02~0.08 | 0.01 |
| | $Q$ | 26~50 | 22~23 | 22~41 | 1.8~2.5 | 16~30 | 15~28 | 13.5~18.5 | 0.8~1.1 |
| 合金钢 | $v$ | 60 | 60 | 60 | 47△ | 16 | 16 | 16 | 13 |
| | $a$ | 3 | 3 | 12 | 2 | 3 | 3 | 12 | 2 |
| | $F$ | 70× | 60× | 60× | 45○ | 40 | 40 | 30● | 20○ |
| | $f_z$ | 0.09 | 0.03 | 0.03 | 0.01 | 10 | 0.08 | 0.06 | 0.01 |
| | $Q$ | 1.9 | 16 | 17 | 1.3 | 11 | 11 | 7.9 | 0.6 |
| 铸铁及可锻铸铁 | $v$ | 90 | 90 | 90 | 47△ | 22~25 | 22~25 | 22~25 | 13△ |
| | $a$ | 3 | 3 | 12 | 2 | 3 | 3 | 12 | 2 |
| | $F$ | 135~185× | 100~120× | 115~135× | 70~95○ | 90~120× | 90~110× | 60~80● | 30~35○ |
| | $f_z$ | 0.12~0.16 | 0.04 | 0.04 | 0.01~0.02 | 0.16~0.19 | 1.13~0.14 | 0.08~0.09 | 0.01 |
| | $Q$ | 37~50 | 28~33 | 30~36 | 2.1~2.9 | 24~32 | 24~30 | 15.8~21.2 | 0.9~1.1 |
| 铜及铜合金 | $v$ | 180~200 | 180~200 | 180~200 | 47△ | 40~120 | 40~120 | 40~120 | 13△ |
| | $a$ | 3 | 3 | 12 | 2 | 3 | 12~10 | 12~10 | 2 |
| | $F$ | 260~330× | 220~280× | 245~320× | 145~170 | 190~205× | 185~200× | 140~260○ | 55~65○ |
| | $f_z$ | 0.06 | 0.04 | 0.04~0.05 | 0.02~0.03 | 0.19~0.07 | 0.15~0.05 | 0.10~0.06 | 0.02~0.03 |
| | $Q$ | 70~89 | 59~76 | 65~84 | 4.4~5.1 | 51~56 | 50~55 | 37.0~52.0 | 1.7~1.9 |
| 轻合金 | $v$ | 300 | 300 | 300 | 47△ | 198△ | 134△ | 198△ | 13△ |
| | $a$ | 3 | 3 | 12 | 2 | 3 | 3 | 12 | 2 |
| | $F$ | 410× | 490× | 380× | 235○ | 265× | 255× | 260× | 90○ |
| | $f_z$ | 0.05 | 0.06 | 0.04 | 0.04 | 0.05 | 0.04 | 0.04 | 0.04 |
| | $Q$ | 111 | 98 | 100 | 7.1 | 72 | 69 | 69.0 | 2.7 |

注：$v$ 为铣削速度，单位为 m/min；$a$ 为吃刀量，单位为 mm；$F$ 为进给速度，单位为 mm/min；$f_z$ 为每齿进给量，单位为 mm/z；$Q$ 为铣削容积，单位为 cm³/min。$v$ 和 $F$ 对应栏中的△表示速度，×表示切削功率，●表示每齿进给量，○表示铣刀强度。

# 铣刀每齿标准进给量

| 工件材料 | | | 每齿进给量 $f_z$/(mm/z) | | | | | |
|---|---|---|---|---|---|---|---|---|
| 材料名称 | 性能 | 布氏硬度 HB | 面 铣 刀 | 镶旋齿圆柱形铣刀 | 铣槽刀及三面刃铣刀 | 立 铣 刀 | 成形铣刀 | 锯片铣刀 |
| 高速钢铣刀 合金钢 | 硬质 | 300~400 | 0.1 | 0.075 | 0.075 | 0.05 | 0.05 | 0.025 |
| | 强韧 | 220~300 | 0.13 | 0.125 | 0.1 | 0.075 | 0.05 | 0.05 |
| | 退火 | 180~220 | 0.2 | 0.175 | 0.125 | 0.1 | 0.075 | 0.05 |
| 低碳钢 | 可锻 | 152~197 | 0.25 | 0.2 | 0.13 | 0.125 | 0.075 | 0.075 |
| | 快铣 | 150~180 | 0.3 | 0.25 | 0.175 | 0.13 | 0.1 | 0.075 |
| 铸铁 | 硬质 | 220~300 | 0.27 | 0.2 | 0.13 | 0.13 | 0.1 | 0.075 |
| | 半硬 | 180~220 | 0.325 | 0.25 | 0.175 | 0.175 | 0.1 | 0.075 |
| | 软质 | 150~180 | 0.4 | 0.325 | 0.225 | 0.2 | 0.125 | 0.1 |
| 黄铜及青铜 | 硬质 | 150~250 | 0.225 | 0.175 | 0.13 | 0.125 | 0.075 | 0.5 |
| | 半硬 | 100~150 | 0.35 | 0.27 | 0.2 | 0.175 | 0.1 | 0.075 |
| | 快铣 | 80~100 | 0.55 | 0.45 | 0.325 | 0.27 | 0.175 | 0.125 |
| 镁及其合金 | | | 0.55 | 0.45 | 0.325 | 0.27 | 0.175 | 0.125 |
| 铝及其合金 | | | 0.55 | 0.45 | 0.325 | 0.27 | 0.175 | 0.125 |
| 塑料 | | | 0.375 | 0.3 | 0.225 | 0.175 | 0.175 | 0.1 |
| 硬质合金铣刀 合金钢 | 硬质 | 300~400 | 0.25 | 0.2 | 0.13 | 0.125 | 0.075 | 0.075 |
| | 强韧 | 220~300 | 0.3 | 0.25 | 0.175 | 0.13 | 0.1 | 0.075 |
| | 退火 | 180~220 | 0.35 | 0.27 | 0.2 | 0.175 | 0.1 | 0.1 |
| 低碳钢 | 可锻 | 152~197 | 0.35 | 0.27 | 0.2 | 0.175 | 0.1 | 0.1 |
| | 快铣 | 150~180 | 0.4 | 0.325 | 0.225 | 0.2 | 0.125 | 0.1 |
| 铸铁 | 硬质 | 220~300 | 0.3 | 0.25 | 0.175 | 0.13 | 0.1 | 0.075 |
| | 半硬 | 180~220 | 0.4 | 0.325 | 0.25 | 0.2 | 0.125 | 0.1 |
| | 软质 | 150~180 | 0.5 | 0.4 | 0.3 | 0.25 | 0.13 | 0.125 |
| 黄铜及青铜 | 硬质 | | 0.25 | 0.2 | 0.13 | 0.125 | 0.075 | 0.075 |
| | 半硬 | | 0.3 | 0.25 | 0.175 | 0.13 | 0.1 | 0.075 |
| | 快铣 | | 0.5 | 0.4 | 0.3 | 0.25 | 0.13 | 0.125 |
| 镁及其合金 | | | 0.5 | 0.4 | 0.3 | 0.25 | 0.13 | 0.125 |
| 铝及其合金 | | | 0.5 | 0.4 | 0.3 | 0.25 | 0.13 | 0.125 |
| 塑料 | | | 0.375 | 0.3 | 0.225 | 0.175 | 0.125 | 0.1 |

# 硬质合金刀具的常见问题及解决办法

常见问题 ← / 解决办法 ↓

| 卷刃 | 切削刃后面严重磨损 | 极端的切削痕迹 | 刀尖损伤 | 切削刃重叠 | 切屑缠绕 | 断屑过多 | 刀尖无法固定 | 刀尖振动 | 振动过大 | 刀尖断屑磨损过大 | 刀具被切屑磨损 | 加工面较差 | 解决办法 |
|---|---|---|---|---|---|---|---|---|---|---|---|---|---|
|  | ● | ● |  |  |  |  |  |  |  |  |  |  | 检查切削刃的合金组成 |
| ● |  |  | ● |  |  |  |  |  |  |  |  |  | 更换韧性好的材料 |
| ● |  |  |  | ● |  |  |  |  |  |  |  | ● | 提高切削速度 |
| ● |  |  |  |  |  |  |  |  |  |  |  |  | 刃磨刀尖 |
|  |  |  | ● |  |  |  |  |  | ● |  |  |  | 检查主轴是否晃动 |
|  |  |  |  |  |  |  |  |  | ● |  |  |  | 减小刀尖圆弧半径 |
| ● |  |  | ● |  |  |  |  |  | ● |  |  |  | 提高刀具和工件材料的刚性 |
|  | ● |  |  |  | ● | ● |  |  | ● |  |  |  | 增加进给量 |
|  |  |  |  |  | ● |  |  |  |  |  |  |  | 减小断屑宽度 |
| ● |  |  |  |  |  | ● |  |  |  | ● |  |  | 增大断屑宽度 |
|  | ● | ● |  |  |  |  |  |  |  | ● |  |  | 降低切削速度 |
|  |  |  |  | ● |  |  |  |  |  |  | ● |  | 加大切削液的喷射量 |
| ● |  | ● |  |  |  | ● |  |  |  | ● |  | ● | 降低进给量 |
|  |  |  |  |  |  | ● |  |  |  | ● |  |  | 减小吃刀量 |
|  |  |  |  |  |  |  |  | ● |  |  |  |  | 重新锁紧 |
|  |  |  |  |  |  |  |  | ● | ● |  |  |  | 清理刀具组成部件 |
| ● | ● | ● |  | ● |  |  |  |  | ● |  |  |  | 检查刀具切削刃 |
|  |  |  | ● |  |  |  |  |  |  |  | ● |  | 减小刀具齿数 |
|  |  |  | ● |  |  |  |  |  |  |  | ● |  | 扩大刀尖部位 |
|  |  |  |  |  |  |  |  |  |  |  |  | ● | 检查刀具是否振动 |

# 钻头的标准切削条件

## 高速钢钻头的标准切削条件

| 工件材料 | 抗拉强度 /×10MPa | 钻头直径 D/mm | | | | | | | | | |
|---|---|---|---|---|---|---|---|---|---|---|---|
| | | 2 ~ 5 | | 6 ~ 11 | | 12 ~ 18 | | 19 ~ 25 | | 26 ~ 50 | |
| | | v | s | v | s | v | s | v | s | v | s |
| 钢 | <50 | 20 ~ 25 | 0.1 | 20 ~ 25 | 0.2 | 30 ~ 35 | 0.2 | 30 ~ 35 | 0.3 | 25 ~ 30 | 0.4 |
| | 50 ~ 70 | 20 ~ 25 | 0.1 | 20 ~ 25 | 0.2 | 20 ~ 25 | 0.2 | 25 ~ 30 | 0.2 | 25 | 0.2 |
| | 70 ~ 90 | 15 ~ 18 | 0.05 | 15 ~ 18 | 0.1 | 15 ~ 18 | 0.2 | 18 ~ 22 | 0.3 | 15 ~ 20 | 0.35 |
| | 90 ~ 110 | 10 ~ 14 | 0.05 | 10 ~ 14 | 0.1 | 12 ~ 18 | 0.15 | 16 ~ 20 | 0.2 | 14 ~ 16 | 0.3 |
| 铸铁 | 12 ~ 18 | 25 ~ 30 | 0.1 | 30 ~ 40 | 0.2 | 25 ~ 30 | 0.35 | 20 | 0.6 | 20 | 1.0 |
| | 18 ~ 30 | 12 ~ 18 | 0.1 | 14 ~ 18 | 0.15 | 16 ~ 20 | 0.2 | 16 ~ 20 | 0.3 | 16 ~ 18 | 0.4 |
| 黄铜 | 软 | <50 | 0.05 | <50 | 0.15 | <50 | 0.3 | <50 | 0.45 | <50 | — |
| 青铜 | 硬 | <35 | 0.05 | <35 | 0.1 | <35 | 0.2 | <35 | 0.35 | <35 | — |

注：$v$ 表示切削速度，单位为 m/min；$s$ 表示进给量，单位为 mm/r。

## 硬质合金钻头的标准切削条件

| 被切削材料 | | | 切削速度/（m/min） | | 进给量/（mm/r） | | 切削油 |
|---|---|---|---|---|---|---|---|
| 种类 | 拉伸强度/×10MPa | 硬度 HB | $\phi 5 \sim \phi 10$ | $\phi 11 \sim \phi 30$ | $\phi 5 \sim \phi 10$ | $\phi 11 \sim \phi 30$ | |
| 工具钢 | 100 180 ~ 190 230 | 300 500 575 | 35 ~ 40 8 ~ 11 <6 | 40 ~ 45 11 ~ 14 7 ~ 10 | 0.08 ~ 0.12 0.04 ~ 0.05 <0.02 | 0.12 ~ 0.2 0.05 ~ 0.08 <0.03 | 不溶于水 |
| 镍铬钢 | 100 140 | 300 420 | 35 ~ 40 15 ~ 20 | 40 ~ 45 20 ~ 25 | 0.08 ~ 0.12 0.04 ~ 0.05 | 0.12 ~ 0.2 0.05 ~ 0.08 | 不溶于水 |
| 不锈钢 | | | 25 ~ 27 | 27 ~ 35 | 0.08 ~ 0.12 | 0.12 ~ 0.2 | 不溶于水 |
| 铸钢 | 50 ~ 60 | — | 35 ~ 38 | 38 ~ 40 | 0.08 ~ 0.12 | 0.12 ~ 0.2 | 不溶于水 |
| 蠕墨铸铁 | — — — — | 200 350 400 500 | △ 40 ~ 45 △ 25 ~ 30 △ 18 ~ 22 △ 8 ~ 9 | △ 45 ~ 60 △ 30 ~ 35 △ 22 ~ 27 △ 9 ~ 12 | 0.2 ~ 0.3 0.06 ~ 0.15 0.04 ~ 0.08 0.03 ~ 0.04 | 0.3 ~ 0.5 0.15 ~ 0.3 0.08 ~ 0.2 0.04 ~ 0.1 | 干式溶于水 |
| 可锻铸铁 | — | — | △ 35 ~ 38 " | △ 38 ~ 40 " | 0.15 ~ 0.2 0.08 ~ 0.12 | 0.2 ~ 0.4 0.12 ~ 0.2 | 干式溶于水 |
| 青铜 | | — | 50 ~ 80 | 80 ~ 85 | 0.15 ~ 0.2 | 0.22 ~ 0.5 | 干式 |
| 硅铝合金 | | — | *125 ~ 150 | *130 ~ 140 | 0.2 ~ 0.6 | 0.2 ~ 0.6 | 干式微溶于油 |
| 铝 | | — | *210 ~ 270 | *270 ~ 300 | 0.15 ~ 0.3 | 0.3 ~ 0.8 | 干式微溶于油 |
| 锰钢 w(Mn)=12% ~ 13% | | | 10 ~ 11 | 11 ~ 15 | 0.03 | 0.03 ~ 0.08 | 干式 |
| 耐热钢 | — | — | 6 | 6 | 0.01 ~ 0.05 | 0.05 ~ 0.1 | 不溶于水 |

注：1. △表示采用此切削速度时，可向刀尖供给水溶性切削油。

2. *表示难以达到此切削速度的机床可以使用其允许的最高切削速度。

# 普通粗牙螺纹的底孔直径

（单位：mm）

| 螺纹尺寸 | 外径 d | 螺距 | 旋合长度 H1 | 底孔直径 系列 | | | | | | | | | 参考值 最小值 | 内螺纹小径 最大值 | | |
|---|---|---|---|---|---|---|---|---|---|---|---|---|---|---|---|---|
| | | | | 100 | 95 | 90 | 85 | 80 | 75 | 70 | 65 | 60 | | | | |
| M 1 | 1.000 | 0.25 | 0.135 | 0.73 | 0.74 | 0.76 | 0.77 | 0.78 | 0.80 | 0.81 | 0.82 | 0.84 | 0.701 | 0.776 | 0.776 | |
| M 1.2 | 1.200 | 0.25 | 0.135 | 0.93 | 0.94 | 0.96 | 0.97 | 0.98 | 1.00 | 1.01 | 1.02 | 1.04 | 0.901 | 0.976 | 0.976 | |
| M 1.4 | 1.400 | 0.3 | 0.162 | 1.08 | 1.09 | 1.11 | 1.12 | 1.14 | 1.16 | 1.17 | 1.19 | 1.21 | 1.040 | 1.120 | 1.120 | |
| M 1.7 | 1.700 | 0.35 | 0.189 | 1.32 | 1.34 | 1.36 | 1.38 | 1.40 | 1.42 | 1.43 | 1.45 | 1.47 | 1.286 | 1.376 | 1.376 | |
| M 2 | 2.000 | 0.4 | 0.217 | 1.57 | 1.59 | 1.61 | 1.63 | 1.65 | 1.67 | 1.70 | 1.72 | 1.74 | 1.525 | 1.630 | 1.630 | 1.630 |
| M 2.3 | 2.300 | 0.4 | 0.217 | 1.87 | 1.89 | 1.91 | 1.93 | 1.95 | 1.97 | 2.00 | 2.02 | 2.04 | 1.825 | 1.930 | 1.930 | 1.930 |
| M 2.6 | 2.600 | 0.45 | 0.244 | 2.11 | 2.14 | 2.16 | 2.19 | 2.21 | 2.22 | 2.26 | 2.28 | 2.31 | 2.066 | 2.186 | 2.186 | 2.186 |
| M 3×0.5 | 3.000 | 0.5 | 0.271 | 2.46 | 2.49 | 2.51 | 2.54 | 2.57 | 2.59 | 2.62 | 2.65 | 2.68 | 2.459 | 2.571 | 2.599 | 2.639 |
| M 3.5 | 3.500 | 0.6 | 0.325 | 2.85 | 2.88 | 2.92 | 2.95 | 2.98 | 3.01 | 3.05 | 3.08 | 3.11 | 2.850 | 2.975 | 3.010 | 3.050 |
| M 4×0.7 | 4.000 | 0.7 | 0.379 | ※ | 3.28 | 3.32 | 3.36 | 3.39 | 3.43 | 3.47 | 3.51 | 3.55 | 3.242 | 3.382 | 3.422 | 3.466 |
| M 4.5 | 4.500 | 0.75 | 0.406 | 3.69 | 3.73 | 3.77 | 3.81 | 3.85 | 3.89 | 3.93 | 3.97 | 4.01 | 3.688 | 3.838 | 3.878 | 3.924 |
| M 5×0.8 | 5.000 | 0.8 | 0.433 | ※ | 4.18 | 4.22 | 4.26 | 4.31 | 4.35 | 4.39 | 4.44 | 4.48 | 4.134 | 4.294 | 4.334 | 4.384 |
| M 6 | 6.000 | 1 | 0.541 | 4.92 | 4.97 | 5.03 | 5.08 | 5.13 | 5.19 | 5.24 | 5.30 | 5.35 | 4.917 | 5.107 | 5.153 | 5.217 |
| M 7 | 7.000 | 1 | 0.541 | 5.92 | 5.97 | 6.03 | 6.08 | 6.13 | 6.19 | 6.24 | 6.30 | 6.35 | 5.917 | 6.107 | 6.153 | 6.217 |
| M 8 | 8.000 | 1.25 | 0.677 | 6.65 | 6.71 | 6.78 | 6.85 | 6.92 | 6.99 | 7.05 | 7.12 | 7.19 | 6.647 | 6.859 | 6.912 | 6.982 |
| M 9 | 9.000 | 1.25 | 0.677 | 7.65 | 7.71 | 7.78 | 7.85 | 7.92 | 7.99 | 8.05 | 8.12 | 8.19 | 7.647 | 7.859 | 7.912 | 7.982 |
| M 10 | 10.000 | 1.5 | 0.812 | 8.38 | 8.46 | 8.54 | 8.62 | 8.70 | 8.78 | 8.86 | 8.94 | 9.03 | 8.376 | 8.612 | 8.676 | 8.751 |
| M 11 | 11.000 | 1.5 | 0.812 | 9.38 | 9.46 | 9.54 | 9.62 | 9.70 | 9.78 | 9.86 | 9.94 | 10.03 | 9.376 | 9.612 | 9.676 | 9.751 |
| M 12 | 12.000 | 1.75 | 0.947 | ※ | 10.2 | 10.3 | 10.4 | 10.5 | 10.6 | 10.7 | 10.8 | 10.9 | 10.106 | 10.371 | 10.441 | 10.531 |
| M 14 | 14.000 | 2 | 1.083 | ※ | 11.9 | 12.1 | 12.2 | 12.3 | 12.4 | 12.5 | 12.6 | 12.7 | 11.835 | 12.135 | 12.210 | 12.310 |
| M 16 | 16.000 | 2 | 1.083 | ※ | 13.9 | 14.1 | 14.2 | 14.3 | 14.4 | 14.5 | 14.6 | 14.7 | 13.835 | 14.135 | 14.210 | 14.310 |
| M18 | 18.000 | 2.5 | 1.353 | 15.3 | 15.4 | 15.6 | 15.7 | 15.9 | 16.0 | 16.1 | 16.2 | 16.4 | 15.294 | 15.649 | 15.744 | 15.854 |
| M20 | 20.000 | 2.5 | 1.353 | 17.3 | 17.4 | 17.6 | 17.7 | 17.9 | 18.0 | 18.1 | 18.2 | 18.4 | 17.294 | 17.649 | 17.744 | 17.854 |
| M22 | 22.000 | 2.5 | 1.353 | 19.3 | 19.4 | 19.6 | 19.7 | 19.9 | 20.0 | 20.1 | 20.2 | 20.4 | 19.294 | 19.649 | 19.744 | 19.854 |
| M24 | 24.000 | 3 | 1.624 | 20.8 | 20.9 | 21.1 | 21.2 | 21.4 | 21.6 | 21.7 | 21.9 | 22.1 | 20.752 | 21.152 | 21.252 | 21.382 |
| M27 | 27.000 | 3 | 1.624 | 23.8 | 23.9 | 24.1 | 24.2 | 24.4 | 24.6 | 24.7 | 24.9 | 25.1 | 23.752 | 24.152 | 24.252 | 24.382 |
| M30 | 30.000 | 3.5 | 1.894 | ※ | 26.4 | 26.6 | 26.8 | 27.0 | 27.2 | 27.4 | 27.5 | 27.7 | 26.211 | 26.661 | 26.771 | 26.921 |
| M36 | 36.000 | 4 | 2.165 | 31.7 | 31.9 | 32.1 | 32.3 | 32.5 | 32.8 | 33.0 | 33.2 | 33.4 | 31.670 | 32.145 | 32.270 | 32.420 |
| M42 | 42.000 | 4.5 | 2.436 | ※ | 37.4 | 37.6 | 37.9 | 38.1 | 38.4 | 38.6 | 38.8 | 39.1 | 37.129 | 37.659 | 37.799 | 37.979 |
| M48 | 48.000 | 5 | 2.706 | 42.6 | 42.9 | 43.1 | 43.4 | 43.7 | 43.9 | 44.2 | 44.5 | 44.8 | 42.587 | 43.147 | 43.297 | 43.487 |

注：对于式（2）所计算出来的数值，螺距小于1.5mm时，其小数点后移两位，大于1.5mm时，其小数点后移一位，通过减小螺钉小径可以消除此问题。其中，在——，----，-·-·-左侧的粗体字，为JIS 2009中1级、2级或3级规定的螺钉直径。

$$H1 = 0.541266P \qquad 底孔直径 = d - 2H2\left(\frac{比率}{100}\right)$$

# 其他切削刀具

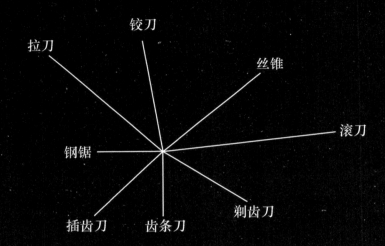

铰刀

拉刀

丝锥

滚刀

钢锯

插齿刀　齿条刀　剃齿刀

切削刀具的种类十分广泛，除了车刀、钻刀和铣刀之外，还有各式各样的专用刀具，这些切削刀具区分也较容易。

根据钻孔定位法，以加工面质量较高的铰刀、切削螺纹的丝锥为代表，齿轮刀具正如其名称一样用于切削齿轮等，但也有像拉刀一样从字面上不易理解的刀具。下面逐个进行介绍。

# 铰刀的种类

手工作业铰刀
  手用铰刀
  手用锥度铰刀
机械作业用铰刀
  浮动铰刀
   锥柄铰刀
   直柄铰刀
  台虎钳用铰刀
  机用铰刀
  铆钉孔用铰刀 / 桥梁用铰刀
  锥柄铰刀
   莫氏锥柄铰刀
   锥柄铰刀
  套式铰刀
  可调铰刀（手用铰刀）

可胀式铰刀（手用铰刀）

  其他的铰刀也还有一些，但常见的就这几种了。

  这些铰刀里面分为直槽铰刀和螺旋槽铰刀两种。

  刀柄分为手用和机用两种，莫氏锥柄机用铰刀和直柄机用铰刀与钻头的刀柄是一样的。

▲铰刀的刀柄

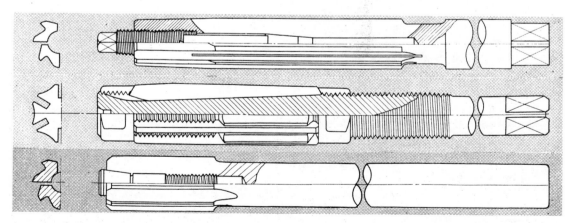

▲**可调铰刀的种类** （可调铰刀和可胀式铰刀）

  可调铰刀分为通过使铰刀中空刃部膨胀，进而调整其直径的可胀式铰刀和通过移动装在刀体外部沟槽上的切削刃来调整直径的可调铰刀。除此之外还有其他的种类，这里只列举主要的。

▶ 手用铰刀

 ▶ 机用铰刀

 ▶ 夹紧铰刀

 ▶ 铆钉孔用铰刀

▶ 左螺旋槽机用铰刀

　　手用铰刀的直柄端呈能够固定托架的四方形。
套式铰刀的直径较大，可采用托架使用。

◀ 套式铰刀

铰刀

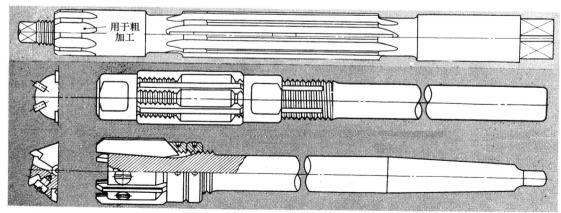

用于粗
加工

　　上图从左上往下分别为可　　夹紧铰刀；从右上往下分别为　　切削刃）、直柄可调机用铰刀，
胀式铰刀、可调铰刀、可胀式　　可胀式手用铰刀（带粗加工用　　锥柄可调机用铰刀。

**143**

# 铰刀的切削刃及其工作原理

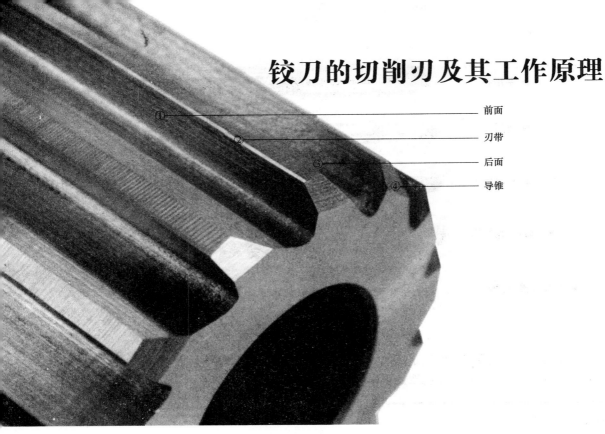

① —————————— 前面
② —————————— 刃带
③ —————————— 后面
④ —————————— 导锥

铰刀的切削刃实际用于铰削的是导锥的切削刃，这和钻头切削刃的原理类似。但是，由于此切削刃和副切削刃可同时铰削，所以切削刃布置在靠近外圆处。

因外圆圆周的副切削刃较多，而且是非连续切削，所以具体到每一个齿上的吃刀量实际上很小。并且外圆的副切削刃上附加一定程度的刃带能起到抛光作用，故

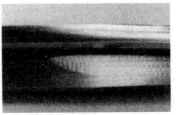

▲ 铆钉孔用铰刀的切削部分

而加工的精度较高。

导锥按铰刀的种类也分为很多种，机械作业用铰刀的锥度一般为 45°，铆钉孔用铰刀为 12° ~18°，机用铰刀和

手用铰刀一般为 1° ~7°。导锥和外圆的副切削刃一样没有刃带。

圆锥铰刀的刀体像导锥一样进行铰削，刃带面积非常小。

导锥由于用于有效铰削，刃带的宽度小。除了圆锥铰刀之外，均带有刃带，这不难理解。此外，铰刀的后角处有导锥，外圆的副切削刃的后角为 0°。

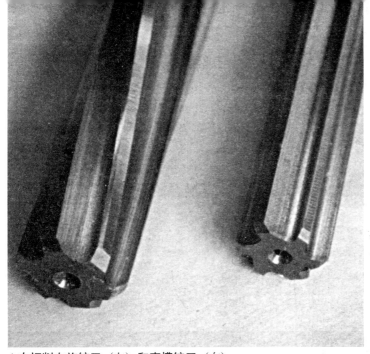

▲右切削左旋铰刀（左）和直槽铰刀（右）

铰刀由于与工件接触的切削刃长度较长，振动是个严重问题。为防止铰刀加工时产生振动，可采用下列方法。

螺旋槽有左螺旋和右螺旋之分。按切削方向可分为左切和右切铰刀，在此基础上分为右切左螺旋、左切左螺旋、右切右螺旋、左切右螺旋铰刀。但是，一般为右切左螺旋，稍特殊情况采用右切右螺旋，左切左螺旋和左切右螺旋基本没有。

左切削铰刀比较适合加工除铸铁外的材料，对易切削的软材料效果很好。

# 螺旋刃、奇数刃和不等分刃

▲奇数刃（铆钉孔用铰刀）

▲偶数刃

奇数刃铰刀虽然有消除铰刀扭转和弯曲的作用，但因尺寸问题——难以测量铰刀直径，所以除了在铆钉孔用铰刀上采用外基本不会使用。

不等分刃的偶数刃处于对称状态，较容易测量铰刀直径，而且间隔也不一样，铰削余量有变大的倾向。

不等分刃铰刀基本没有标准件。148页有自制铰刀的介绍。

右切削铰刀能很轻松地切入，切削刃的切削力方向为直角，即可朝扩大孔径的

方向运动容易扩大孔径，常用于切削硬度大和对切削有较高要求的材料。

145

# 铰削伸缩量

钻头钻孔时不会钻出比钻头直径更小的孔，当然，钻头的偏差及许多其他原因导致加工出的孔径仍有误差。铰刀也如此，加工孔径比铰刀直径之差称之为"伸缩量"。

尽管铰刀加工也存在上述钻削的问题，但实际上，铰刀加工时也会发生加工孔径小于铰刀直径的情况。

加工孔径和钻头直径不一致从原理上讲是不可能的，但实际操作过铰刀的工人应该

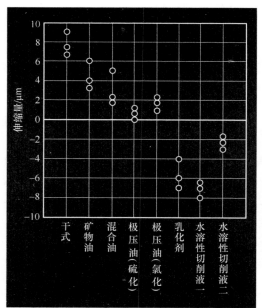

图 1　切削液对伸缩量的影响

切削速度为 5m/min，进给量为 0.4mm/r，铰刀余量为 0.3mm

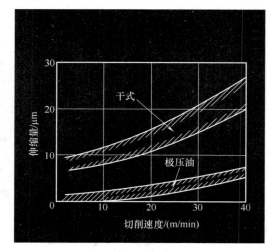

图 2　切削速度对加工余量的影响

切削速度为 2~40m/min，进给量为 0.4mm/r，铰刀余量为 0.3mm

都遇到过类似情况。

出现上述问题原因很多，但基本认为是由于孔径的弹性回复和测量误差引起的。

弹性回复是指铰刀刃带起抛光作用，工件受到铰刀挤压后孔径胀大，铰刀进而失去背向力，胀大的部分在铰削结束后会恢复到原来的状态。

测量方法不完备是指铰削孔径的测量点非常小，用外径千分尺测量时比实际尺寸稍大，用其他测量工具又难以测量，导致比实际尺寸又稍小，这两种情况一般会同时出现。

伸缩量根据切削液的不同其大小也不同。如图 1 所示，不使用切削液的干式铰削产生的伸缩量很大，使用非水溶性切削液铰削也会产生较多伸缩量，而使用水溶性切削液所产生的伸缩量是最少的。

切削速度对伸缩量的影响如图 2 所示。想要提高铰削效率就要提高切削速度，这样伸缩量也较大，此种情况使用切削液对精加工要好些。

进给量对伸缩量的影响如图 3 所示，进给量一般不能高于 0.4mm/r。

铰刀余量对伸缩量的影响如图 4 所示，铰刀余量一般控制在 0.3mm 以下。

上述实验中的工件材料为 S45C，铰刀直径为 20mm。

综上所述，在加工碳素钢时，使用极压油，切削速度在 10m/min 以内，进给速度在 0.4mm/r 以内，铰刀余量在 0.3mm 以内，应为标准的加工条件。

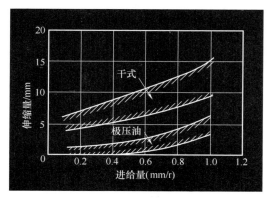

图 3 进给速度对伸缩量的影响
切削速度为 5m/min，进给量为 0.10~1.03mm/r，铰刀余量为 0.3mm

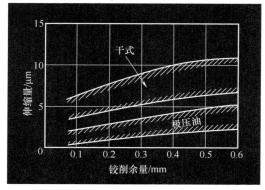

图 4 铰刀位置对加工余量的影响
切削速度为 5m/min，进给量为 0.4mm/r，铰刀余量为 0.10~0.60mm

铰刀应用并不十分广泛，但铰刀又是不可替代的，也就是说，有的加工步骤使用了铰刀效果会更好。因此，对于一些特殊作业要用到自制的特殊铰刀。下面举几个例子说明。

# 自制铰刀

▲在棒材前段上，钎焊两片硬质合金刀片，各有三个切削刃。刀柄中央的宽度和等分的两片硬质合金刀片的切削刃的间隔不同，便成了6片不等分切削刃的铰刀。其主要用于切削超硬材料，防止产生废料而作不等分处理，切削刃长度也较短。

# 铰刀的刃磨

铰刀主要用于铰孔和精加工。特别是对于车刀较难加工的直径较小的孔、较深的孔等，以及批量加工时，铰刀是较理想的选择。

铰刀磨钝后，一般不可以刃磨。如果非要刃磨，则其公称尺寸会改变，也就是说必须改变铰刀的尺寸标识。

如果能进行尺寸管理的话，的确可以刃磨其外圆。

当然，也可以将其用于加工中心孔。

① 刃磨倒锥

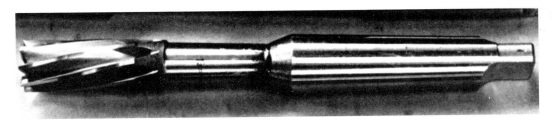

▲直柄右切左螺旋立铣刀与莫氏锥柄铰刀焊接在一起的刀具。当然，两者的直径要相同。立铣刀的外圆经过了打磨，比较适用于精加工。

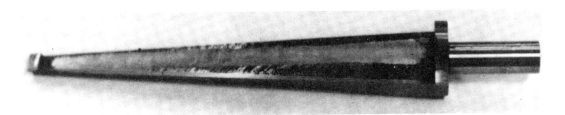

▲加工长锥形孔是锥柄铰刀的优势领域。但如果开发专门铰刀的话又太浪费时间，因此便有了这种自制的半圆铰刀。

正因为导锥用于实际切削，刃磨的几率便稍大一些。用于中心孔加工时，图1所示的刃磨方式要多些。

继续刃磨的话，中心部分被完全磨掉，要依靠装夹铰刀，如图2所示装夹使用。

此时刃磨必须采用专门的机床——工具研磨机床。

② 此时刃磨后可再使用

# 丝锥的
# 种类

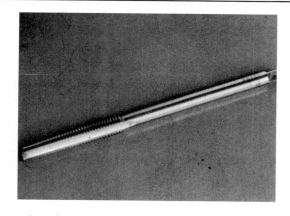

▲长柄螺母丝锥是用于加工螺母内螺纹用的丝锥，其柄部较长。在长柄上可放置多个加工完的螺母。一把丝锥为了能加工多个螺纹，有必要减少切削刃的摩擦，其切削锥也比手用丝锥要长一些。

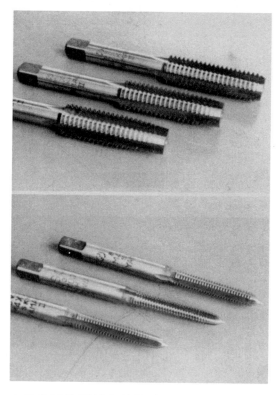

▲丝锥里使用最多的是手用丝锥。一般三把丝锥为一组，如上图所示，丝锥的切削锥长度不一，按切削锥长度和切削锥角的不同可分为初锥、中锥和底锥。这三种丝锥都是等直径的，尺寸在 M4 以下。

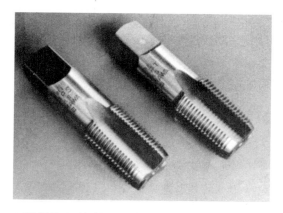

▲管螺纹丝锥是用于加工管螺纹的丝锥。水管、煤气管等由于承压较大，所以要使用和管道接口紧密旋合的螺纹接口。与管螺纹、圆柱管螺纹、锥螺纹一样，管螺纹丝锥也分为圆柱管螺纹丝锥（PF），圆锥管螺纹丝锥（PT），圆柱管螺纹丝锥（PS）三种。

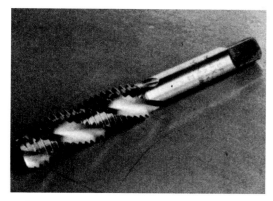

▲如图所示，螺旋槽丝锥的容屑槽为右旋，切屑容易排出。

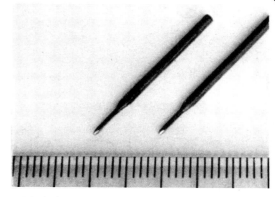

▲尺寸为 M0.8 的小号丝锥，用于加工钟表。为了便于自动机床使用，柄部较长，也称自动丝锥。

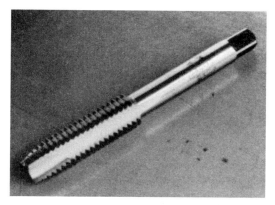

▲枪状丝锥切削锥的容屑槽是斜的，利于切屑从前端排出。

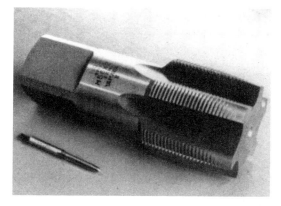

▲也有如图所示的大型丝锥。请与旁边的 4 号丝锥作个比较。工件直径较大时，一般的丝锥和钻头都不能使用，要用这类的大直径丝锥。其形状虽为手用丝锥，但实为机用丝锥。正因为直径较大，切屑量大，附加的容屑槽也较多，切削刃也较多。而且，直径按顺序变大的成组丝锥用于这种大径丝锥的加工。

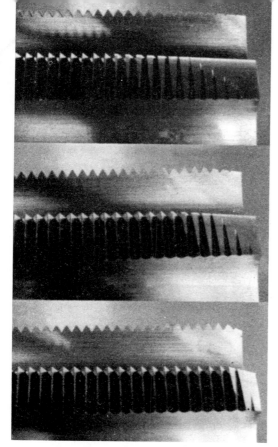

▲从上往下为初锥、中锥、底锥的切削锥

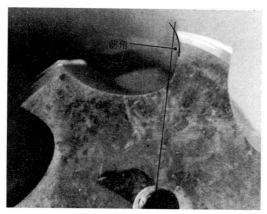

前角

▲前角——前面为曲面

# 丝锥的切削部分

把加工圆柱形和圆锥形内螺纹的工具称之为丝锥，主要用在加工车削加工后的小螺纹或者单独加工螺纹，由于采用其他方式加工存在的困难较多，便要使用丝锥了。

丝锥切削沟槽时切削部位与螺纹牙侧平行，可把负责切削的部位看做是切削刃。由于丝锥自身是螺旋状的，最先进入工件的切削刃如果引入工件后，接下来就只需让丝锥旋转就能按螺纹的螺距进给了。

## ●切削锥

实际上，切削锥是真正起到切削工件的部分。切削锥如果较长，每齿吃刀量会变小，切入的前角也会比较小，容易引入。若切削锥过长，切削扭矩会增大，旋转丝锥需要的转矩也较大，由于丝锥自身较细，比较容易折断，故对切削锥的长度应有一定限制。

对于手用丝锥的切削锥，初锥为 9 牙，中锥为 5 牙，底锥为 1.5 牙。

## ●前角

丝锥的前角大小取决于容屑槽的形状，容屑槽与前面成平面的称前角为零角，两者成曲面的称前角为全角。

决定前角的容屑槽用于排出切屑。

## ●切屑的排出

螺旋槽丝锥能在切削途中往外排出切屑，因其容屑槽呈螺旋状（右切右螺纹）。

枪状丝锥的顶部有容屑槽，为右切左螺旋，切屑能从前端排出。

螺纹丝锥和枪状丝锥也都能排出切屑，能使丝锥的切削过程更顺利，加工面更好。

## ●后角

后角位于切削锥内，后角位置是实际用于切削的。公称尺寸大的丝锥（粗丝锥）在完整螺纹牙型处也带有后角。

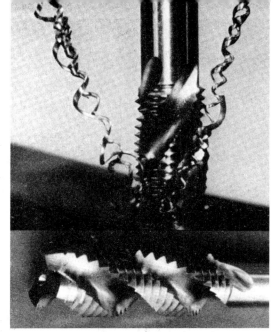

▲螺旋槽丝锥的切屑排出方式

▲枪状丝锥的切屑排出方式

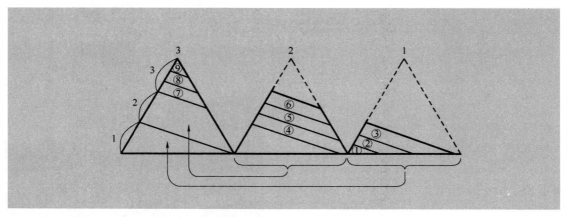

**图1** 有三个沟槽，截形处三个牙型的丝锥的切削面积

# 丝锥的受力情况

丝锥的切削力与切削面积成正比例，那么，丝锥的切削面积该如何决定呢？

请看图1

图1为用具有三个沟槽（有三个切削刃），截形处有三个牙型的丝锥加工螺纹时的情况。

第一个牙的第一个刀尖切第一个牙的下端，第一个牙的第二个刀尖切其外侧，第一个牙的第三个刀尖还是切其外侧，丝锥转一圈，只进给一个螺距的长度。

随着旋转，丝锥慢慢前进，第二个牙的第一个刀尖还是切第二个牙的外侧……旋转两圈就切到第二个牙为止。这样，丝锥有几个牙就旋转几圈，切入工件部分的所有切削刃均参与切削，切削部分（也即切屑）是图1中的①～⑨。

将各个刀尖承受的切削面积合在一起求和，正好是螺纹牙型的一个牙的横截面积。

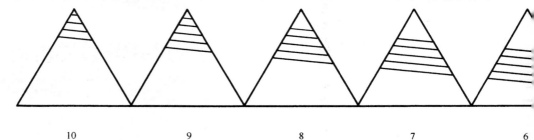

**图2** 四个容屑槽，螺纹部分为10个牙型的

**154**

**图3　四个容屑槽，螺纹部分为 10 个牙型的丝锥加工出的切屑**

对于此规律，即使丝锥的容屑槽的数量不同，或是螺纹部分的牙数改变了也同样适用。如果丝锥的容屑槽的数量增加，螺纹部分的牙数也增多时，则每个刀尖承担的切削量就会变少，即切屑厚度会变薄（图2、图3）。

所以，丝锥受到的切削力会随着丝锥切入孔后逐渐增加，螺纹部分所有的刀尖全部进入工件时，切削力最大。若需加工的牙数比丝锥螺纹部分的牙数还多时，按照这样的切削力进行，打通时，从切削锥出来开始，切削力逐渐减小，螺纹部分全部通过后，就变为 0 了。

丝锥的切削力与其切削断面成正比，跟车刀的进给量是一样的。对于切屑的厚度，加工的切屑较厚的比薄的切削力要小一些，因此效率也高一些。

另外，丝锥的切削质量与前面的表面粗糙度、切削液类型、切屑的排出情况等，均有很大关系。更确切地说，切削力和切削扭矩是不一样的，本文的要点是讨论切削力，对后者不作过多叙述。把手动丝锥握在手里旋转时，两只手能够明显地感觉到切削力，便是形成切削扭矩的两个力在起作用。

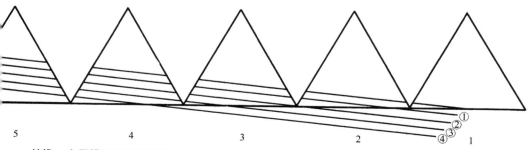

**丝锥，容屑槽和螺纹部分的牙数多时，切屑会变薄（图 1 和此图是一样的）**

# 圆板牙

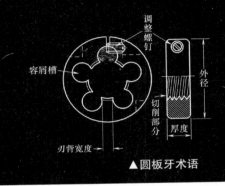

调整螺钉

外径

容屑槽

切削部分

厚度

刃背宽度

▲圆板牙术语

丝锥用于加工内螺纹，与此相对的加工外螺纹用的刀具是圆板牙。

图中圆形的圆板牙是普通的圆板牙。

圆板牙大致可分为带调整螺钉的圆板牙，即可调圆板牙和不带调整螺钉的圆板牙即整体圆板牙两种。

▲调整圆板牙可以稍微修正螺钉的尺寸，所以在加工高精度螺纹和切削条件改变的情况下用于加工螺纹最适合了

▲圆板牙的正面

▲圆板牙的反面

　　圆板牙其中一边的切削部分（切削锥）较长，称这一面为正面，上写有"名称、等级、材料牌号和厂家"等。

　　圆板牙的前角、容屑槽的功能、切削部分、后角等均与丝锥相同，只是与工件的相互位置关系与丝锥正好相反。切屑从切削刃周围的孔排出。

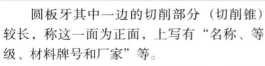

▲整体圆板牙富有刚性，即使在很差的切削条件下使用，尺寸和精度也不会有变化，能得到高质量的螺纹。外圆的四个孔可以确定保持圆板牙尺寸不变

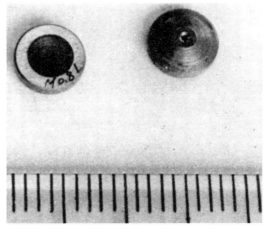

▲小型圆板牙，在钟表制造厂和小型精密机床厂经常会用到，主要用于加工公称直径不足 1mm 的螺纹。照片上的为 M0.8 的圆板牙

# 螺纹梳刀

所谓螺纹梳刀，就是犹如把圆板牙的四个刀齿一个一个分开，四个组成一组。

螺纹梳刀使用时安装在模座上。加工完螺纹之后模座会自动把螺纹梳刀从外侧打开，免去了用圆板牙加工螺纹时的退出步骤。

对于螺纹梳刀与工件的接触方法，从其外观看，可分为径向、切向和圆形三种。

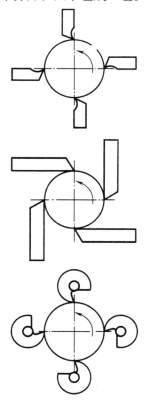

▲切向螺纹梳刀

▲各式各样的螺纹梳刀：上图为径向螺纹梳刀，切削刃和工件的接触方式类似于车刀和圆板牙。中图为切向螺纹梳刀，可以多次刃磨，所以在类似管材工厂的专业工厂里会经常使用。下图为圆形螺纹梳刀

▲径向螺纹梳刀

在左图中，切向螺纹梳刀为安装四个相同的螺纹牙型切向车刀（参见 54 页）。圆形螺纹梳刀是把螺纹牙型的圆形车刀（参见 55 页）安装在模座上使用。

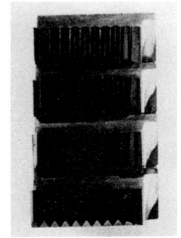

▲ 各错开 1/4 个螺距

▲ 切削部分为 2 牙

径向螺纹梳刀应用最广泛，工厂中从事管工的工人会经常使用。

丝锥也好，圆板牙也好，本身的刀齿都是螺纹状的，所以各个切削刃的形状看起来是一样的。正因为把全周等分了，各个刀齿就错开了各一个螺距。对于螺纹梳刀，即使各个刀齿平衡了，每个刀齿上的螺纹还是会错开 1/4 个螺距。

因此，螺纹梳刀安装到模座上时，必须把各个刀齿按 1/4 个螺距错开并顺序对齐。因此，必须在螺纹梳刀上标出号码 1~4。右螺纹的写右边，左螺纹当然是写左边。如果该顺序打乱了，加工出的螺纹就会乱牙。日常保管也同样如此，必须四个一组

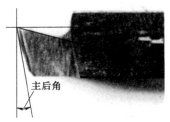

主后角

放在一起保管。

螺纹梳刀的切削部分和丝锥以及圆板牙的是一样的，但因为梳刀比丝锥和圆板牙更结实，所以其牙数会稍少一些。

螺纹梳刀的前角和后角一样的，其道理不难明白。但是因为螺纹梳刀安装在模座上使用，所以切屑排出成了问题。因此，像枪状丝锥（参见 151 页）一样，为了让切屑可朝着进给方向排出而带有一个后角。

▲ 螺纹梳刀的组合

# 直齿圆柱齿轮

加工直齿圆柱齿轮的刀具有滚刀、插齿刀、齿条刀、成形铣刀等，还有剃齿刀。

## ●滚刀

▲所谓滚刀就是边旋转边加工外啮合直齿和斜齿圆柱齿轮的刀具。滚刀的刀片与齿轮的模数相符，滚刀旋转一圈，就加工一个齿。滚刀直径与工件直径对应，大小不一。

　　与工件模数相符的螺旋齿，其直角上切沟槽的面逐个变成刀尖。

## ●插齿刀

▲在与所要加工的齿轮啮合的小齿轮上安装刀片便成了插齿刀。该刀片一边旋转一边往复运动，便可切出齿轮。

# 加工用刀具

## ●齿条刀

▲齿条切刀与滚刀不同，因其不是螺旋状，因此在被切齿轮旋转的同时，齿条切刀也随之转动。除了有圆柱形之外，还有如下图所示的切刀样式，即取出一列刀片用于加工。在这种情况下，齿条切刀通过往返运动切出齿轮

## ●剃齿刀

▲把切出的齿轮进行高精度加工的刀具为剃齿刀，剃齿刀好比是"剃须刀"。可把非常小的加工余量通过齿轮齿面和剃齿刀之间的滑动和轴向进给进行切削。剃齿刀有的为齿条形，也有如照片所示的小齿轮形，其刀片是按齿形面排列的很多小的沟槽面

# 锥齿轮加工用刀具

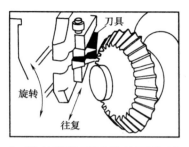

▶带有直线型刀片的两片刀具，一边相互往复运动，形成内旋齿形一样的角度旋转，而加工齿形。这是直齿锥齿轮加工用的刀具

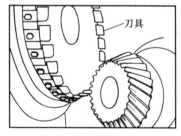

▶曲齿锥齿轮用的刀具是面铣刀的变形。照片中的刀具一边旋转一边切削，因此小的刀具为整体式，大的刀具是加上一个刀片，齿形的一边一点一点地相互切削

# 蜗杆和蜗轮加工用刀具

▶因为蜗杆和螺纹很相像，所以，在车床上也可以加工蜗杆，但专门用于蜗杆加工的是照片中的刀具（成形铣刀的一种）。其刀片形状和成形铣刀是一样的，但当蜗杆模数增大后，只能在刀具的一个侧面安装刀片，减少了一个刀片的切削

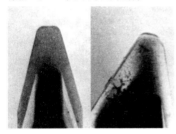

▲模数小　　▲模数大

▲正如照片中所示，蜗轮是由滚刀切削而成的。在与蜗轮啮合的蜗杆上安装刀片也可以实现蜗轮的加工。右侧照片即为正在切削的蜗轮

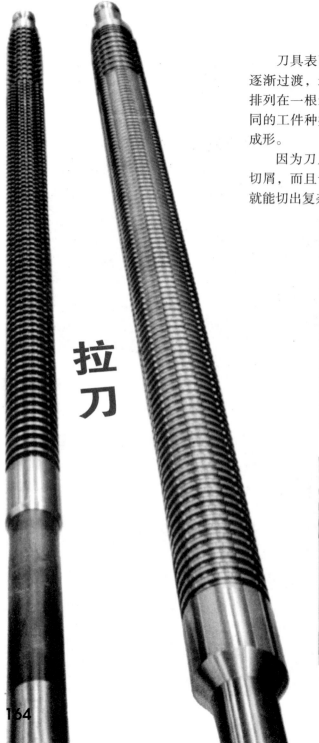

拉刀

刀具表面上有多排刀齿，各排刀齿的尺寸和形状逐渐过渡，最后形成所需形状的刀片，把这样的刀片排列在一根细长的棒材上面，便形成了拉刀。根据不同的工件种类，把拉刀向前，或向下压，可完成切削成形。

因为刀片较多，拉刀的每一个刀片只能切掉一点切屑，而且切削速度也不快。但由于操作简单，一次就能切出复杂的形状，因此是效率非常高的切削刀具。

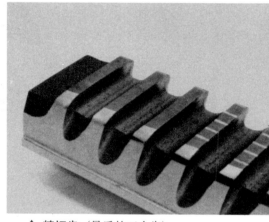

↑ 精切齿（最后的三个齿）

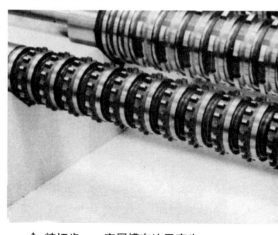

↑ 精切齿——容屑槽在这里产生

对于简单的工件，如对着轴孔制作钥匙槽时，以轴心为基准，在某个位置把刀片按顺序排列并反复运动拉刀就可以进行槽的加工了。

拉刀按刀齿排列可分为只在拉刀的一个方向安装刀片和在全周均安装刀片两种，或分为内侧加工和外侧加工。

——请看拉刀的刀齿变化。刀齿的后面上设有小沟槽，和钻头的断屑槽一样，可把切屑打断。

因此，沟槽的位置与各个刀齿是互相错开的。只有最后端的三个刀齿没有沟槽，是因为此处加工结束了。

对于可实现全周加工的拉刀，刀齿的变化特点也是一样的。

↑ 通过切削齿和沟槽使刀齿逐渐变小　　　　　　　↑ 导入部分

↑ 导入部分

165

# 锯条

▲锯条的刀齿数量指单位长度内的齿数

一般锯条被称为钢锯条，有手用钢锯条和机用钢锯条两种。

机用钢锯条在锯床上使用，手用钢锯条使用面广，可当做弓锯使用。

锯条的刀齿形状基本上都是一样的，但也有不同的种类。简单来讲，首先可按长度区分。手用钢锯条的两端有销孔，锯条长度有 200mm、250mm、300mm 三种。

锯条最为关键的是刀齿的数量。

刀齿即刀片，也可以这么考虑。

锯条的刀齿数量与单个长度没有关系，是指在 25.4mm（1in）长度内的齿数，如 10、12、14、18、24、32 等。

左侧的照片①、②、③、④分别是齿数为 14、18、24、32 的锯齿的放大部分，紧挨着上面的是金属直尺的 1mm 的分度。请数一下 25.4mm 长度内对应的齿数。

齿数与工件材料的关系见表。

| 齿　　数 | 工件材料 | |
|---|---|---|
| | 种　类 | 厚度，直径 /mm |
| 10、12 | 石板 | |
| 14 | 低碳钢 | > 25 |
| | 铸铁、合金钢、轻合金 | 6~25 |
| | 钢轨 | |
| 18 | 高碳钢 | 6~25 |
| | 铸铁、合金钢 | > 25 |
| 24 | 钢管 | 壁厚在 4 以上 |
| | 合金钢 | 6~25 |
| | 角钢 | |
| 32 | 薄铁板、薄铁管 | |
| | 小直径合金钢 | < 6 |

锯条的另一个重要参数是分齿型式。所谓分齿型式就是为保证锯条侧面和锯出的沟槽不接触，锯齿相互向外侧凸出的型式。

▲在锯床上使用

▲分齿交互在切削刃的两侧

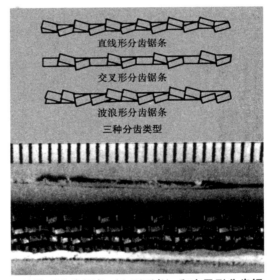

直线形分齿锯条

交叉形分齿锯条

波浪形分齿锯条

三种分齿类型

▲波浪形分齿锯条（上面两条）和交叉形分齿锯条（下面两条）

　　分齿型式按右图有三种类型。在右边的照片中，齿数较少的（上面两条）是波浪形分齿锯条，齿数多的（下面两条）是交叉形分齿锯条。

　　直线形分齿锯条的刀齿的吃刀量是相等的。

　　交叉形分齿锯条每隔一齿交互在一起，波浪形分齿锯条每隔一齿有两片交互在一起，形成分齿型式。分齿和其他齿的吃刀量是不相等的。因此，其用于存放切屑的容屑空间较大，能防止切屑堆积。

▲机用钢锯条

▲手用钢锯条

# 锉刀

锉刀是统称，在日本工业标准里称为"钢锉"，根据截面形状有五种类型。

对于锉刀长度，有 100 ~ 400mm 不等尺寸。

锉刀的刀片一般称为"锉纹"。锉纹的种类分为单齿纹、双齿纹、粗木纹和鱼鳞纹等，通常为双纹，其他种类只在特殊场合下使用。

锉纹分为粗、中粗、细和油光四种，是根据在 25mm 的长度内的锉纹数量而定的。对于锉纹的粗细，即使同一类型的锉纹，其规格也是不同的，如右侧表格所示，每一种锉刀的公称尺寸都不一样。

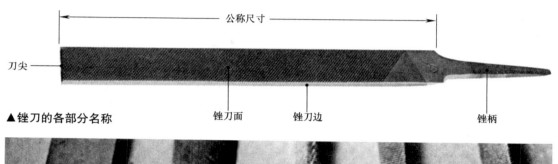

刀尖

公称尺寸

锉刀面　锉刀边　锉柄

▲锉刀的各部分名称

▲锉刀种类（左起依次为扁锉、半圆锉、圆锉、方锉、三角锉）

▲锉纹（左起依次为粗号、中、细、油光）

对于双齿纹锉刀，刻锉纹时，先刻上去的叫做底齿纹，后刻上去的叫做面齿纹，两者的数量不一样，底齿纹的数量大概为面齿纹数量的80%~90%。

如果不知道这些知识的话，锉削时就会有很多困惑。

另外，除了钢锉之外，还有加工小零件用的"组锉"。顾名思义，组锉就是把不同类型的锉刀放在一起，组成一组锉刀。

组锉中各锉刀的大小是根据其组合数量决定的，锉纹数同样如此。

最长的5根组锉与一般钢锉的横截面是相同的。

▼ 钢锉的锉纹数

| 公称尺寸/mm | 面齿纹/条 | | | | 底 齿 纹 |
|---|---|---|---|---|---|
| | 粗 | 中 | 细 | 油光 | |
| 100 | 36 | 45 | 70 | 110 | 粗、中、细、油光锉的底齿纹数量都是面齿纹数的80%~90% |
| 150 | 30 | 40 | 64 | 97 | |
| 200 | 25 | 36 | 56 | 86 | |
| 250 | 23 | 30 | 48 | 76 | |
| 300 | 20 | 25 | 43 | 66 | |
| 350 | 18 | 23 | 38 | 58 | |
| 400 | 15 | 20 | 36 | 53 | |

▼ 组锉的种类、锉纹数、长度和形状

| 种类 | 面齿纹数/条 | | | 长度/mm | 组 合 形 状 |
|---|---|---|---|---|---|
| | 中 | 细 | 油光 | | |
| 5 根组 | 45 | 70 | 110 | 215 | 扁形、半圆形、圆形、方形、三角形 |
| 8 根组 | 50 | 75 | 118 | 200 | 扁形、半圆形、圆形、方形、三角形、扁形（尖头）、菱形、椭圆形 |
| 10 根组 | 58 | 80 | 125 | 185 | 扁形、半圆形、圆形、方形、三角形、扁形（尖头）、椭圆形、菱形、腹圆形、刀形 |
| 12 根组 | 66 | 90 | 135 | 170 | 扁形、半圆形、圆形、方形、三角形、扁形（尖头）、椭圆形、菱形、腹圆形、刀形、双半圆形、贝壳形 |

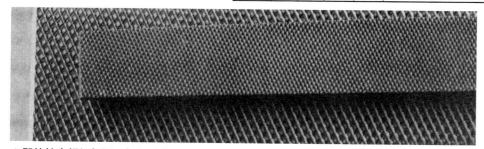

▲ 即使锉齿粗细相同，如果改变了锉刀尺寸，锉纹数量也会随之改变。上面：**150mm**，下面：**400mm** 的锉纹

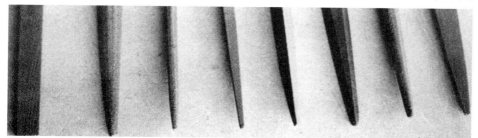

▲ **8 根组的组锉**（左起依次为扁锉、半圆锉、圆锉、方锉、三角锉、菱形锉、椭圆锉、尖头扁锉）